Herbsttag.

Ein Lustspiel in fünf Aufzügen.

Personen.

Selbert, Besitzer eines Landhofes.

Fritz,	seine Kinder.
Peter,	
Marie,	
Ernestine,	

Frau Saaler, seine Schwiegermutter.

Licenziat Wanner.

Amalie Fersen, seine Nichte.

Herr von Lechner.

Andreas, Selberts Bedienter.

Erster Aufzug.

Erster Auftritt.

Andreas.

Er kommt zornig herein und reißt seine Livree herunter.

Zu Tode arbeiten und noch Aergerniß dazu! — Meint ihr? Er wirft den Rock hin. Da lieg! — So haben wir nicht gewettet, Frau Saaler — so nicht! Da lieg — und wer dich wieder aufhebt, wer dich wieder aufhebt — der soll —

Zweyter Auftritt.

Andreas. Selbert.

Selbert. Andres!

Andreas verlegen. Herr Selbert —

Selbert sieht den Rock und ihn an. Nehme er doch Seinen Rock da weg, Andres. Er giebt ihm den Rock.

Andreas. Ja — wenn Sie mir ihn nicht gegeben hätten, wenn — — Sieht den Rock an. Livree und die Sünde — wer sie einmal hat — wird sie nicht wieder los. Er zieht sich an. Die Schwiegermutter, die sollte weg, dann wär' es gut.

Selbert. Also das lag dir am Herzen?

Andreas. Und darum lag der Rock auf der Erde.

Selbert. Im Zorn —

Andreas. Daß ich ihr nie genug thun kann.

Selbert. Meine Schwiegermutter thut viel —

Andreas. Und ich nicht wenig.

Selbert. Er ist langsam.

Andreas. Aber treu.

Selbert. Das erkennt sie.

Andreas. Als sie sagte, daß ich ein Schlingel wäre, den der selige Herr Saaler, ihr Mann, Gott tröste ihn, wenn er noch lebte, in den Thurm setzen ließe; der nicht —

Selbert. Als sie Ihn in seiner Krankheit selbst pflegte und wartete, hat sie es bedacht —

Andreas. Dafür gebe ihr Gott einen schönen Platz im Himmel! Wenn ich aber jemand kuriren lasse, um ihn hernach lahm zu ärgern — wie ist denn das?

Selbert. Wie alt ist Er.

Andreas. Zwey und dreyßig.

Selbert. Meine Schwiegermutter siebzig. — Lasse Er die alte Frau gewähren; Er sieht wohl — ihre Hand bringt Segen allem was sie leitet.

Andreas. Unrecht behält man, das weiß ich!

Selbert. Er hat doch Seinen Rock gern wieder angezogen?

Andreas. Weiß der Himmel, ich wünsche mirs nicht besser. — Man wird gehalten wie ein Mensch — seinen Nothpfennig kann man auch vor sich bringen — wenn man nur einmal des Jahres Recht behielte!

Selbert. Es schickt sich schon einmal, wenn wir beide etwas zusammen haben.

Andreas. Es ist eine Schande vor den Leuten, daß ein Kerl von zwey und dreyßig Jahren niemals Recht haben soll; besonders heute, wo wegen des Herbsttages schon so viele Leute im Hause sind.

Selbert. Ich bekomme noch mehrere Gäste —

Andreas. Thut nichts — ich habe im großen Saale gedeckt. — Aber, daß Frau Saaler —

Selbert. Gut.

Andreas. Und zwischen jedem Gedeck ist noch viel Platz. — Aber daß Frau Saaler —

Selbert. Gut.

Andreas. Ich weiß, Sie haben es gern so. Auch habe ich das schöne damastene Tischzeug aufgelegt, wo Abraham und Isaak —

Selbert. Das Zimmer für meinen Sohn —

Andreas. Es fehlt nichts. Wie ich mich freue, den jungen Herrn zu sehen! — Drey Jahre ist er jetzt weg?

Selbert. Ja! So wie Er einen Wagen sieht — so —

Andreas. Springe ich gleich zu Ihnen — Wegen des jungen Herrn habe ich eigentlich das Tischzeug mit Abraham und Isaak aufgelegt — er hat es immer so gern gesehen und oft abgezeichnet — — Aber daß Frau Saaler das Tischzeug gebrochen hat, darüber ging der Handel an.

Selbert. Sie denkt bey diesen Sitten ihrer Zeiten und ist froh — — dann vermißt sie um so weniger ihre Tochter — mein liebes Weib!

Andreas. Meinetwegen. Wenn der junge Herr aber sich darüber aufhält, daß Abraham und Isaak so geradebrecht sind, daß es dann nur nicht auf mich kommt. Ab.

Dritter Auftritt.

Selbert. Ernestine.

Ernestine. In der Scheuer habe ich den Tisch für unsere Leute besorgen lassen; möchten Sie es nicht ansehen?

Selbert. Erst muß ich mit deiner Großmutter reden — hernach —

Ernestine. Hernach erst? — Ach — dann

kommt Bruder Fritz — und dazu möchte ich mich nicht gern rufen lassen —

Selbert. Freust du dich auf deinen Bruder?

Ernestine. Vater — ich habe die ganze Nacht nicht recht geschlafen, habe einmal den Mond für die Sonne gehalten — bin im Schreck ans Fenster gefahren, und habe mich betrübt, daß es nicht die Sonne war. Jedes Rad halte ich für seinen Wagen, jede Stimme für seine. Wo etwas leise geht, denk' ich, er will mich überraschen — Eben schlich ich mit offenen Armen und klopfendem Herzen, und, denken Sie nur — da hätte ich beynahe den Andres umarmt.

Selbert. Es freut mich, daß Fritz dir so lieb ist.

Ernestine. Er hatte mich immer recht lieb.

Selbert. Euch alle.

Ernestine. Ja alle. Aber mich doch recht lieb. Wissen Sie — manchmal trug er mich über das Wasser im Garten, und sagte er wollte mich fallen lassen — da brach endlich der kleine Steg, ich fiel hinein und wurde krank darauf — wie er da gar nicht von meinem Bette wegkam!

Selbert. Der gute Knabe! Nachher schrieb er heimlich so lange für andere —

Ernestine. Bis er so viel erspart hatte, daß er mir das weiße Kleid schenken konnte. Und da war er so gut dabey — so gut! Ach er wird doch noch so seyn?

Selbert. Ich hoffe es.

Ernestine. Er hat mir lange nicht geschrieben.

Selbert. Er hat dich grüßen lassen.

Ernestine. Aber nicht selbst geschrieben — Ach wenn er anders ist —

Selbert. So wird er doch gut seyn — das ist die Hauptsache. Ich lasse euch alle gehen wie ihr wollt — ich verlange nur daß ihr gut bleibt. — Lauf hin, Kind — ich komme bald.

Ernestine geht ab.

Vierter Auftritt.

Frau Saaler. Selbert.

Fr. Saaler. Ey, ey, Herr Sohn, es ist schon acht Uhr, und der Fritz ist noch nicht da!

Selbert. Er könnte da seyn.

Fr. Saaler. Er müßte da seyn, weil er uns so geschrieben hat. Den 15ten übernachtete er in — hm — wie heißt es — da — in Hessen? den 16ten bey der Tante — den 17ten früh hier. — Ja, die heutige Jugend! Da ist keine Akuratesse!

Selbert. Wer weiß, was ihm —

Fr. Saaler. Wer weiß — eben darum.

Selbert. Sorgen Sie nicht. Auf dem kurzen Wege —

Fr. Saaler. Ach — die Welt ist nicht wie sie

war! Ich, wenn ich noch so viel Kinder hätte, kein einziges ließe ich in die Welt hinaus.

Selbert. Liebe Mutter, was sollte denn aus ihnen werden?

Fr. Saaler. Was aus den Vögelein im Walde wird. Es verhungert kein lebendiges Geschöpf.

Selbert. Eben die Vögelein im Walde, die fliegen weiter.

Fr. Saaler. Dann werden sie auch gefangen, und die gottlosen Buben lernen ihnen gezwungene Stückchen. Weiß der Himmel, was sie in der Welt dem Fritz vorgeorgelt haben! was der -- gleichnißweise zu reden — sagte immer mein lieber seliger Herr — was der für wilde Trompeterstückchen pfeifen wird!

Selbert. Seyn Sie ruhig.

Fr. Saaler. Ich bins nicht, Herr Sohn, ich bins nicht. Die Kinder haben immer gethan, was sie wollten —

Selbert. Nur gut mußten sie bleiben. Sie sind in jedem Sinn ohne Schnürbrust aufgewachsen.

Fr. Saaler. Nun wir wollen sehen!

Selbert. Verstellen wird sich keins meiner Kinder; also kann ich immer wieder einlenken —

Fr. Saaler. Herr Sohn — Ihr Wort in Ehren, aber Marien trau ich nicht über den Weg! Die seufzt, weint — fragt man — so weiß sie nicht, warum sie es thut.

Selbert. Das glaube ich auch.

Fr. Saaler. So hat sie — Gott verzeih' mirs — einen Ansatz zur Narrheit.

Selbert. Wer Hang zur Schwermuth hat —

Fr. Saaler. Hat Ursachen — Ich will sie schon erfahren. — Hm — es ist ein Unglück, daß Sie Ihren Kindern täglich sagen, wie lieb Sie sie haben.

Selbert. Sollte ich das nicht?

Fr. Saaler. Meiner Tochter — der Himmel tröste sie — habe ich niemals gesagt, daß ich sie lieb hatte, bis sie an Ihrem Arme aus meinem Hause wegging; da bin ich losgebrochen, und habe es ihr gesagt, daß ich sie gar herzlich lieb hätte; da ging es an — denn da kam die Regierung an einen andern. — Der Licenziat Wanner kommt also heute?

Selbert. Ja.

Fr. Saaler. Das ist der, der seit neun und zwanzig Jahren alle Wochen geschrieben hat, daß er kommen wollte?

Selbert. Derselbe, mein alter Universitätsfreund.

Fr. Saaler. Der macht ja einen argen Lärmen von Fritz.

Selbert. Er ist ganz von ihm eingenommen.

Fr. Saaler. Das will mir nicht gefallen — Der Peter — Herr Sohn — der Peter gefällt mir gar nicht. So ein tolldreister Mensch — gerade wie meines lieben seligen Saalers Bruder — der Sekretär, Gott tröste ihn, mit der krummen Nase und den schwarzen Augbraunen — der war auch so.

Selbert. Frau Mutter —

Fr. Saaler. So was ist erblich.

Selbert. Mit Peter gehe ich am allersichersten.

Fr. Saaler. Am sichersten? — Gott bewahre uns, daß der nicht ein Gesicht sieht, das ihm gefällt — der wird —

Selbert. Sehr leidenschaftlich lieben? Das weiß ich. Ich habe nie geglaubt, daß meine Kinder frey von Leidenschaften bleiben würden — aber ich bin gewiß, ihre Güte, ihr Charakter wird minder erschüttert werden, als andre; sie werden zurückkehren — mehr darf der Mensch von Menschen nicht verlangen.

Fr. Saaler. Nun — wir wollen sehen!

Selbert. Sie kennen alles Gute — ich habe ihnen das Gute liebenswürdig gezeigt — Sie begreifen den Werth des Selbstgefühls — ich habe sie überall auf die natürlichen üblen Folgen unserer Fehler aufmerksam gemacht — Ich lebe sorgfältig, sie thun es — Das reicht hin! Gepredigt habe ich ihnen nicht, und werde es nie thun —

Fr. Saaler. Es klingt gut — aber — Nun wir wollen sehen! — Die Heirath, die Marie mit dem braven jungen Geiser schließen sollte, ist so gut ausgedacht, so gut —

Selbert. Sie schlägt ihn nicht aus.

Fr. Saaler. Antwortet gar nichts. — Dahinter steckt etwas — eine geheime Liebschaft —

Selbert. Ein so gutes Mädchen!

Fr. Saaler. Ein schönes rothes Aepfelchen — gleichnißweise zu reden — kann doch einen Wurm am Herzen tragen. — Sie gefällt mir nicht.

Selbert. Ich will in sie dringen.

Fr. Saaler. Mit Ernst, Herr Sohn, mit Ernst.

Selbert. Mit Wärme.

Fr. Saaler. Nun — wie Sie wollen, oder — wie Sie können. Sie — sind nun so. Ich weiß es wohl. Wir sollten so seyn, wir Weiber, und die Männer anders; es ist aber umgekehrt. — Die Wahrheit zu sagen, was mir noch am besten gefällt in unserer heutigen Welt — sind die jungen verheiratheten Weiber. Die denken, die arbeiten — die haben doch noch die Augen auf der Erde! Aber die Männerchen? Lieber Gott — das schwatzt, das will Gold machen und schafft kein Brot, das weint und thut nichts, schreibt und kann nicht recht abschreiben.

Fünfter Auftritt.

Vorige. Andreas.

Andreas. An Sie, Herr Selbert — Ein Reitender bringt es.

Selbert besieht den Brief. Von Herrn von Lechner. Er macht ihn auf.

Andreas. Das Pferd ist sehr mitgenommen; es muß etwas zu bedeuten haben.

Selbert. Hahaha. Herr von Lechner will heute mit uns zu Mittag essen.

Fr. Saaler. Allein?

Selbert. Ja. Er geht eine halbe Stunde von hier auf die Jagd, die andern Herren gehen zurück, er von hier auf die Güter. — „Wenn der Brief ankommt" — schreibt er — „werde ich schon in Ihrer Gegend seyn." — Das ist gut — Ich hoffe, er soll meinen Wiesenpacht erneuern. Daran liegt mir viel.

Fr. Saaler. Ja wohl. Aber nun muß ich alles ändern, nun ist dieß zu wenig — das zu schlecht —

Selbert. Sie ändern nichts.

Fr. Saaler. Herr von Lechner ist doch Ihr Pachtherr?

Selbert. Drum theile er mein ländliches Mahl am Herbstfeste. Er kommt um froh zu seyn mit guten Bürgern — drum laßt uns Bürger bleiben.

Fr. Saaler Nun — Sie müssen es verstehen. Ehedem freylich, hatte man nicht das Herz Athem zu holen, wenn so ein Herr jemandem die Gnade anthat. — Wenn uns der Herr Oberamtmann von Steinfeld besuchten — so hat mein lieber seliger Mann immer das Podagra ärger darauf gekriegt — weil er beständig neben ihm stehen mußte — Heut zu Tage wird das nicht gefordert —

Selbert. Und nicht gethan. Andres — sorge Er für Mann und Pferd —

Andreas. Wohl. Geht.

Selbert. Und schicke Er mir Marien.

Andreas kommt wieder zurück. Beides zugleich geht nicht — Wollen Sie erst das Pferd besorgt haben, oder Jungfer Marien?

Selbert. Erst das Pferd!

Andreas. Recht so! Denn das mag nicht so gute Tage haben als die Jungfer. Ab.

Sechster Auftritt.

Selbert. Frau Saaler.

Fr. Saaler. Ich will nicht hinauf zu Tische kommen — Herr Sohn —

Selbert. Wollen Sie Herrn von Lechner die Ehrenstelle neben Ihnen versagen?

Fr. Saaler. So ein junger Herr, was soll er neben einer uralten Frau?

Selbert. Empfinden was unsre gute Mutter ist.

Fr. Saaler. Ich sage es ja, ich sage es ja — Da komme ich alle Morgen, von Haus und Kindern mit Ihnen zu reden, an meiner Tochter Statt — da genieße ich immer die Herzensliebe, die sie mir vermacht hat, dann denke ich an meine Tochter und vergesse alles. — Ja — hin ist hin!

Selbert mit tiefem Gram. Ist hin! Er reicht ihr die Hand.

Fr. Saaler. Es ist selten, daß man einer Frau so gedenkt — es ist selten, Herr Sohn.

Selbert läßt ihr die Hand, wendet sich ab, und weint. Sie war selten.

Fr. Saaler. Es giebt wenige, die einer alten Schwiegermutter so begegnen werden. Wenige! — Aber Segen bringt es, Herr Sohn — es bringt Segen! Sie geht. Was habe ich denn gewollt? Sie kommt wieder zurück. Ja — daß der Fritz nicht da ist — Peter in Acht nehmen, daß er kein hübsch Gesicht sieht — und wegen Marien — Ich will denn doch mein Stoffkleid anziehen. Geht ab.

Selbert. Wegen Marien? — Es ist nichts. Sie war in der Stadt, hat dort Freuden kennen lernen, die das Land nicht hat: einige Zeit hier, und diese Eindrücke werden sich verlieren — Da ist sie ja.

Siebenter Auftritt.

Selbert. Marie.

Marie. Sie haben befohlen, Papa — Vater will —

Selbert. Ja, Marie, Vater! das hör' ich lieber.

Marie. Während ich in —

Selbert. Keine Entschuldigung. — Wie geht es dir?

Marie. Gut.

Selbert. Ich glaube nicht.

Marie. Doch, Vater, mir fehlt nichts. Ich bin zufrieden mit meinem Zustande.

Selbert. Zustand? Was ist dein Zustand?

Marie. Daß ich nicht so heiter bin — als die Uebrigen hier.

Selbert. Heiter bist du nicht?

Marie. Nein.

Selbert. Das ist aufrichtig. Warum schlägst du die Augen dazu nieder?

Marie. Weil jedermann mir diese Stimmung zum Vorwurf macht.

Selbert. Ich nicht.

Marie. Sie kennen das Herz.

Selbert. Die Uebrigen wünschen dich glücklicher, und ich auch.

Marie. So bin ich glücklich.

Selbert. Ich weiß, es giebt eine Zeit im Leben, wo man eine Sehnsucht empfindet —

Marie. Alles erregt sie — und nichts kann sie befriedigen. Wo ein Laut die Melodie unsers Schmerzens wird — wo eine hinabwallende Flur unser Herz klopfen — und der vorüber gleitende Strom — Thränen fließen machen kann, Thränen — die das gepreßte Herz erleichtern — aber die Sehnsucht nicht aus unserm Busen nehmen können!

Selbert. Ich kenne diesen Zustand. Ist es nicht der nämliche, in dem auch der gute Geiser seine Tage unter uns zubringt?

Marie gerührt. Wenn Geiser nicht glücklich wäre —

Selbert. Ginge dir das nahe?

Marie. Ja, recht sehr. Geiser ist gut.

Selbert. Fühlst du das?

Marie tief. Ach ja.

Selbert. Du weißt was ich wünsche —

Marie. Ja.

Selbert. Daß dieser Wunsch das Glück meines Lebens ausmacht?

Marie erschüttert. Das Glück Ihres Lebens?

Selbert. Das — nicht reich an Glück ist!

Marie. Mein Vater! — Sie — den ich über alles liebe — das weiß Gott, der mein Herz kennt —

Selbert. So bin ich sehr glücklich! — Geiser liebt dich.

Marie. Ja.

Selbert. Du liebst ihn —

Marie. Ich achte ihn sehr.

Selbert. Desto besser. Heirathe ohne den Zauber der Leidenschaft, dann wird dein Glück mit jedem Tage neu. Geiser ist gut — seine Lebhaftigkeit, sein Feuer würde deine Seele verstehen. Ueberraschen will ich dich nicht — ich gehe zu deiner Schwester, wenn ich wieder komme, sag' mir deine Meinung.

Marie. Ja, Vater!

Selbert. Darf ich bald wieder kommen?

Marie umarmt ihn.

Selbert. Ueberlege es. Fritz kommt wieder — Wenn du mir heute noch einen Sohn schenken wolltest — Ueberlege es. Geht ab.

Achter Auftritt.

Marie allein.

Ja — ich will. Ich muß — und will! Geiser liebt mich, er ist gut, edel. Warum sollten wir nicht glücklich seyn? — Dieß Leben voll Angst — diese heimliche Leidenschaft im Busen — niemand zum Freunde, dem ich es klagen kann, was ich leide — ertrage ich nicht länger. Alles ist mir Vorwurf, die Liebkosungen meiner Schwester sind mir drückend, meines Bruders Sorgfalt quält mich — der andre kommt, und ich freue mich nicht — meinen Vater hintergehe ich — Geiser grämt sich — Geiser! den ich einst liebte! Sie setzt sich. Karl, ich muß dich vergessen!

Sie seufzt. Weg mit diesem Namen. Karl ist der Wohllaut der Gleichheit — Der Freyherr von Lechner! das will ich mir sagen, wenn ich Karln nicht vergessen kann. Der Freyherr von Lechner. Gedachte er doch daran, und vergaß so das bürgerliche Mädchen! Warum sollte mir es nicht genug seyn, mein Gewissen zu retten? Geiser — ich bin dein, werde ein gutes Weib, eine gute Tochter, fühle wieder das Glück der Liebkosungen von Schwester, Brüdern, Vater und Mutter!

Selbert kommt wieder.

Marie geht auf ihn zu. Vater!

Neunter Auftritt.

Selbert. Marie.

Selbert. Die Freude glänzt aus deinen Augen!

Marie. Möchten Sie in meiner Seele lesen!

Selbert. Geiser?

Marie. Ist Ihr Sohn.

Selbert umarmt sie. Marie!

Marie küßt seine Hand. Ihre gehorsame Tochter.

Selbert Nur aus Gehorsam? Nein!

Marie. Ihre glückliche Tochter.

Selbert. So ist mein Zweck erreicht!

Marie. Mein Herz ist sehr beruhigt.

Selbert. Soll ich Geisern rufen?

Marie. Schon?

Selbert. Ihm diesen Trost geben —

Marie. Trost — Trost? Kann ich Geisern Trost geben?

Selbert. Ja, liebe Tochter.

Marie. Das ist ein schöner Gedanke.

Selbert. Hast du nicht gesehen, wie er sich abhärmte?

Marie. Meinetwegen?

Selbert. Wie ihm nichts mehr Freude machte —

Marie. Armer, guter Geiser!

Selbert. Wie das Leben selbst ihm gleichgültig, und seine Schwester, seine Brüder, sein alter Vater ihm nicht mehr waren, was sie ehe —

Marie. Ja! Rufen Sie ihn. Ich bin eine undank — Lassen Sie mich seinen Kummer gut machen. Lassen Sie mich gut machen — ich bitte Sie.

Selbert. Tochter! liebes, natürliches Mädchen! — Wie schön ist diese Aufwallung deines unverdorbenen Herzens!

Marie. Eilen Sie — Ein heilender Engel legt die Hand auf mein Herz — da ich trösten und gut machen kann!

Selbert. Ein heilender Engel? Und doch hast du Geisern nur geachtet?

Marie. Gewiß ich werde ihn glücklich machen!

Selbert. War dein Herz verwundet, Marie?

Marie. Lassen Sie dem kranken Herzen seine Träume. Ich will Geisern glücklich machen.

Selbert. Ich darf ihn holen?

Marie. Ja.

Selbert. Fritz könnte indeß — Hm — es ist ja nur ein Schritt hinüber — und man sieht ja von dort die Straße hinunter. Wird dein Bruder nicht Freude haben, wenn ich ihm seinen Jugendfreund als Bruder vorstellen kann! Habe Dank, Mädchen, für dein Geschenk. Er umarmt sie und geht. Da er an der Thür ist: Vergaß ich beinahe — Da, ein Brief an dich. — Er geht.

Marie. Da er an der Thür ist, sieht sie den Brief an. Mein Gott!

Selbert. Rufst du mich?

Marie. Dieser Brief —

Selbert. Nun?

Marie. Wenn Sie ihn lesen wollten —

Selbert. Wozu das?

Marie. Vielleicht — Ich scheue mich —

Selbert. So lies ihn hernach. In dem gleichgültigsten Briefe giebt es Wendungen — die Freundin legt der Freundin ihre Seele, die Gemüthslage des Augenblicks so hin — mit Einem Worte — Briefe muß niemand lesen, als der, für den sie geschrieben sind. — Zu Geisern. Er geht ab.

Zehnter Auftritt.

Marie allein.

Welch ein Vater! — Ich kann meine Augen nicht öffnen — ich kann mich selbst nicht sehen — Wenn diese Hand die andere berührt — so erschrecke ich vor mir selbst! Karl — es ist von dir — deine Hand ist es nicht, aber es ist von dir — vom Freyherrn von Lechner! Geisers Weib darf dieß nicht lesen, und Marie — soll ihres Vaters werth seyn! Sie zerreißt den Brief langsam in kleine Stücke. Es ist nicht Zorn — nicht Zwang — es ist Tugend. Eine Thräne darf die Tugend kosten. Geiser — diese Thräne ist eine kostbare Mitgift.

Elfter Auftritt.

Fritz von Petern und Ernestinen geführt. Marie.

Fritz lebhaft. Ah — meine Schwester Marie!

Marie mit Feuer. Fritz!

Ernestine. Ich war doch die erste, die ihn sah — ich war doch die erste!

Peter. Groß bist du geworden — und ich darf wohl sagen — recht hübsch.

Fritz. Es freut mich, wenn ich euch gefalle.

Ernestine. Gefallen — o das ist nicht —

Peter. Laß ihn nur zu sich kommen.

Marie. Fritz — bist du es — Fritz?

Fritz nimmt ihre Hand. Freylich!

Marie. Hat dich der Vater schon gesehen?

Fritz. Nein. — Ich bin hinten am Garten abgestiegen.

{ Peter. Wo ist der Vater?
{ Ernestine. Er ist nirgend zu finden.

Peter. Und die Großmutter —

Ernestine. Ach die Großmutter! Komm zu ihr.

Fritz. Ich will wohl. Aber gleich? Ich möchte vor Tische noch die Jagd mit machen.

Marie. Die Jagd — welche Jagd?

Ernestine. Eine große Gesellschaft — Herr von Lechner jagt hier —

Marie. Lechner?

Peter. Ja doch. — Er wird hier zu Mittag essen.

Ernestine. Weißt du es nicht?

Marie. Ach Gott, nein!

Man hört eine Fanfare aus der Ferne.

Fritz. Hörst du? Sie sind nahe.

Zwölfter Auftritt.

Vorige. Frau Saaler.

Fr. Saaler. Da höre ich — der Fritz wäre — Da, ist er da leibhaftig! Nun so komm, du lieber — lieber —

Sie reicht ihre Arme ihm hin.

Fritz schlägt ihre Hände in seine. Bon jour, ma chere —

Fr. Saaler. Was? Sie zieht ihre Hände zurück. Bon jour? Kommst du uns so ins Haus? Bon jour? — So? — Adieu Ehrlichkeit! Bon jour Eintausend siebenhundert und neun und neunzig! Sie geht. Daß Gott erbarme! ab.

Fritz. Großmutter!
Ernestine. Liebe —
Peter. Hören Sie —

Sie gehen alle drey ihr nach. ab.

Dreyzehnter Auftritt.

Marie allein.

Sie bleibt eine Weile unentschlossen stehen, dann will sie folgen.

Ach! — Indem hört man die Fanfare noch schwächer. Das sind sie — das ist er! — Auch sein Ton ist unter diesen! — Das — das war er, dieser haltende Ton — der Ruf der Liebe! — Nein — ach nein! — Es ist das Jauchzen der sorgenfreyen Brust! Laut ruft sie durch den Forst: — Ich bin frey, sie mag leiden!
Der Refrain der Fanfare wird rascher, der Vorhang fällt.

Zweyter Aufzug.

Erster Auftritt.

Selbert. Dann Andreas.

Selbert. Das gefällt mir nicht. — Andres —

Andreas. Sie haben gerufen?

Selbert. Welches Pferd reitet mein Sohn?

Andreas. Den Falben; die andern sind ihm zu zahm.

Selbert. Sag ihm, er möchte noch einen Augenblick herauf kommen. Hurtig!

Andreas. Wohl. Ab.

Selbert. So kalt gegen uns — und nicht kalt für das Vergnügen! — — — Zwar, es können nur angenommene Sitten seyn. Ein Mensch, der nicht in einer Familie lebt — verwildert so leicht. Dabey kann das Herz sich doch erhalten, und wenn das ist, bin ich zufrieden.

Zweyter Auftritt.

Selbert. Fritz.

Fritz. Wollen Sie mit auf die Jagd?

Selbert. Nein, mein Sohn.

Fritz. Es würde den Herrn von Lechner erfreuen.

Selbert. Du kennst ihn?

Fritz. Obenhin.

Selbert. Liebst du die Jagd?

Fritz. Sehr.

Selbert. So wird es Zeit seyn, daß du gehst —

Fritz. Befehlen Sie, daß ich hier bleibe?

Selbert. Befehlen? Fritz — Fritz, kennst du mich nicht mehr? — Ich störe nie eure Freuden — Reit hin. Nur empfehle ich Vorsicht.

Fritz. Sie können Sich auf mich verlassen. Haben Sie sonst noch —

Selbert. Hm — nein. Ich habe dich rufen lassen, um — um dich noch einmal zu sehen. Es ist lange, daß ich dich nicht gesehen habe.

Fritz. Drey Jahre. Ich habe sie angewendet.

Selbert. Du bist sehr geändert. —

Fritz. Ich hoffe es.

Selbert. Du hast eine gewisse Kürze —

Fritz. Die soll mir Zeit gewinnen.

Selbert. Das ist allerdings der größte Gewinn — und so will ich dich nicht aufhalten. Du reitest den Falben — riskiere nicht —

Fritz. Nicht mehr als Sie.

Selbert. Ich reite ihn nicht.

Fritz. Warum steht er denn noch im Stalle?

Selbert. Er ist schön und —

Fritz. Unnütz?

Selbert. Es ist wahr — aber du weißt, Pferde —

Fritz. Sind Ihre Leidenschaft.

Selbert. Welches ist deine?

Fritz. Keine.

Selbert. Gar keine?

Fritz. Meines Wissens. Doch das werden Sie am besten sehen. — Finden Sie eine an mir — sie soll weg. — Adieu Vater. Er geht ab.

Selbert. Er ist nicht der, den ich fortschickte — er ist ein anderer. Ob ich damit zufrieden seyn soll -- muß die Folge lehren. Wenn diese Offenheit sich gleich bleibt — diese Dreistigkeit nicht Troz — dieser Stolz nicht Hochmuth wird — so ist es ein bedeutender Mensch! Wie? Am Fenster. Er sitzt gut zu Pferde! Schön reitet er — schön! — Aber — mein Gott! schon sprengt er mit verhängtem Zügel — wie rasch! Gott im — — halt — halt — Ach er rafft das Pferd noch zusammen! Da geht es wieder fort — Das Pferd wird steigen — — Es steigt! Mein Gott! — Er stürzt ab.

Dritter Auftritt.

Frau Saaler. Dann Andreas.

Fr. Saaler. Herr Sohn — Herr Sohn! — Ist denn kein Mensch da? Andres —

Andreas kommt.

Fr. Saaler. Seht, dort reitet ein Mensch —

Andreas. Er ist schon fort.

Fr. Saaler. Der den Hals bricht. Eile, hilf —

Andreas. Eilen nützt nicht mehr, helfen kann ich nicht.

Fr. Saaler. Ach ich zittre an Arm und Beinen.

Andreas. Entweder hat er den Hals gebrochen, oder er sitzt wieder auf dem Pferde — ich komme auf allen Fall zu spät.

Fr. Saaler am Fenster. Ich kann nicht sehen — ist er fort?

Andreas. Wegen der Mauer sieht mans nicht — Herr Selbert aber steht ruhig und stellt die Arme in die Seite.

Fr. Saaler. Gott Lob! Mein Herr Sohn schlägt die Arme nicht unter, wo ein Mensch in Noth ist — so ist die Gefahr vorüber! Sie kommt vor. Das rasende Reiten!

Andreas. Herr Selbert kommt wieder. — Hu, jetzt zieht er aus — galopp, galopp, galopp — fort ist er und der Staub hinter ihm her!

Fr. Saaler. So ein Mensch denkt nicht an Vater und Mutter, noch an die liebe Ewigkeit — Wenn er nun den Hals gebrochen hätte —

Andreas faltet die Hände. Freilich, so reitet man nicht in den Himmel.

Fr. Saaler. Wer ist es denn?

Andreas. Das wissen Sie nicht?

Fr. Saaler. Nein!

Andreas. Der Fritz.

Fr. Saaler. Unser Fritz?

Andreas. Freylich!

Fr. Saaler. Der dort reitet?

Andreas. Der dort reitet. Er geht auf die Jagd.

Fr. Saaler. Ach steh mir bey! Sie setzt sich. Das ist eine feine Bescherung!

Vierter Auftritt.

Vorige. Selbert.

Selbert. Der Kutscher soll den Schimmel satteln und meinem Sohn nachreiten — ihm den Ueberrock nachzubringen; es umzieht sich. Aber nicht von der Seite soll er ihm gehen. Geschwind!

Andreas geht ab

Fr. Saaler. Herr Sohn, Herr Sohn, das ist ein gottloses Kind!

Selbert. Der Fritz?

Fr. Saaler. An dem erleben wir nichts Gutes.

Selbert. Alle jungen Leute reiten gern rasch. Das Pferd wurde scheu. Gott Lob, daß es nichts auf sich hatte! Er reitet trefflich. Wenn er in allen Fällen — die Gegenwart, die Festigkeit, den Muth beweiset — es war wirklich gefährlich — so bin ich zufrieden mit ihm.

Fr. Saaler. Herr Sohn, es ist derselbe Mensch nicht mehr.

Selbert. Das ist wahr.

Fr. Saaler. Es ist derselbe Mensch nicht mehr.

Selbert. Deßhalb möchte ich doch noch nicht über ihn urtheilen.

Fr. Saaler. Da springt vorhin jemand über die Hecke, in den Garten — rennt ins Haus — wird das ein Geschrey, läuft alles zusammen — ich nach — frage — keine Antwort! Der Fritz, der Fritz rufen alle Stimmen — der Fritz ist da! — Fährt mirs in alle Glieder. Ich laufe den Leuten nach, von Treppe zu Treppe, auf und ab — Steht er endlich hier vor mir — du lieber Himmel! — wie seine Mutter, wie seine Mutter! Ich reiche meine

Arme nach ihm — ach — als reichte ich sie ihr in die Ewigkeit hinein! — Bonjour, sagt mir das Unglückskind — bonjour!

Selbert. Ob darum sein Herz geändert ist —

Fr. Saaler. Was? Viele hundertmal haben ihn diese Arme getragen; das hätte mir es wohl erwerben können, daß er sie an sein Herz gelegt hätte! Wie lange wird es denn noch währen — so kann er mich nicht mehr bewillkommnen! — Und nichts als bonjour?

Selbert. Es ärgert mich, es kränkt mich —

Fr. Saaler. Ich ärgerte mich auch, ging in meine Stube — er mir nach — hüpft, springt herum — hebt alles von einer Stelle auf die andere — blättert in meinem großen Predigtbuche — daß alle Zettel heraus fallen — reißt mir mit dem Knopfe mein Strickzeug herunter — endlich bleibt er vor dem Porträt des Herrn Saalers selig stehen, und wird ganz still! Nun, denke ich, so kommt doch einmal ein guter erbaulicher Gedanke! — ich habe denn ein Päcktchen mit Schaustücken für ihn zurecht gelegt — drehe mich um, will darnach langen; so lacht er, wie albern: warum? daß mein lieber seliger Herr den Zipfel von seinem Mantel in der Hand vor sich hinhält; wirft sich im Lachen auf den Stuhl, daß gleich eines von den schönen gefirnißten Rehfüßchen abbricht — fällt um — mit einem Gekrache, daß zwey von den Pagodelchen auf meinem Schranke in Stücken brechen. —

Die Pagodelchen sind noch von meinem seligen Vater, der sie viele hundertmal für uns Kinder mit dem Kopfe hat wackeln und die Augen verdrehen lassen — Gott tröste ihn! — Da habe ich denn so aus allem gleich gesehen, daß Hopfen und Malz an dem Menschen verloren ist.

Selbert. Zu etwas Angenehmen — Marie will Geisern heirathen.

Fr. Saaler. Im Ernst?

Selbert. Ich sollte ihm gleich die gute Nachricht bringen; er ist aber nicht hier, und kommt erst gegen Abend zurück.

Fr. Saaler. Nun, das ist etwas.

Fünfter Auftritt.

Vorige. Ernestine.

Ernestine. Lieber Vater — Fritz möchte gern die rothe Stube bewohnen; darf ich sie für ihn einrichten?

Selbert. Hat er sie gefordert?

Ernestine. Die Aussicht gefällt ihm dort besser —

Selbert. Ja.

Fr. Saaler. Die beste Stube im Hause — —

meiner seligen Tochter Putzstube? — Wo will das hinaus, Herr Sohn?

Selbert. Pause. Wollen sehen.

Fr. Saaler. Wollen Sie ihm die Stube geben?

Selbert nach einer Pause. Ja.

Fr. Saaler. Und Pferde und einen Bedienten — die er schon mitbringt, und Geld die Hülle und die Fülle! — Vatersohn, Bettelstab, Ach und Weh — so fängt es an — Ich wasche meine Hände. Will gehen.

Selbert. Seyn Sie ruhig. Erst muß ich die Krankheit kennen —

Fr. Saaler. Die Krankheit? Mit Mantelsack und Stiefeln und Spornen in die Putzstube — der Sohn dem Vater das beste Zimmer im Hause nehmen? Hochmuth ist die Krankheit.

Selbert. Und wenn das nun wäre —

Fr. Saaler. So geht er immer weiter —

Selbert. Oder kehrt um, wenn er mich so gut findet, wie ich sonst war. Mutter, lassen Sie mich sein Herz erhalten — andere Sicherheit giebt es nicht.

Fr. Saaler. Haben Sie es noch?

Selbert. Ich denke.

Fr. Saaler. Mit dieser ewigen Gutheit! Da spielen Sie, gleichnißweise zu reden, den Liebhaber bey Ihren Kindern, nehmen Sich Ehre und Würde, und geben sie ihnen. Da ist kein Ansehen, und wo kein Ansehen ist, ist kein Glück.

Selbert. Mutter — wer in den Sturm gerathen ist, wird nicht willig umkehren, wenn er weiß, daß er am Ufer gemißhandelt wird. Sieht er aber die Arme des Vaters, des Freundes, liebevoll zu seiner Rettung bereit —

Fr. Saaler. Dann läßt er sich retten, und —

Selbert. Ist dankbar.

Fr. Saaler. Bis er wieder fällt.

Selbert. Würden Sie Ihre Hand dem nicht wieder reichen, der zum zweytenmale fällt?

Fr. Saaler. Herr Sohn — jeder von uns weiß, was er in dem Falle zu thun hat. Das Ganze aber, was Sie mit dem Menschen vorhaben, ist mir zu hoch. Unsere alte Erziehung mochte ein weitfaltiger Rock seyn — aber er paßte eben deßwegen mehreren — und hielt seinen Mann doch warm. Eure heutige Erziehung — gleichnißweise zu reden, wo sie die Falten aus dem alten Rocke herausgenommen haben — ist ein enges kurzes Westchen. Den spannt es auf der Brust — dem sehen die Arme halbe Ellen lang hervor, und die Leute sind frostig damit gekleidet. Wenn ihr einmal dahinter kommt, daß dieß die rechte Kleidung nicht ist, dann könnt ihr nichts mehr wegschneiden — ihr müßt ansetzen. Gestückelter Rock — verzwickter Mensch: so sind eure jetzigen Kinder. Gleich nach der Wiege — Weisheit und Amtmannsgesicht — in den Mannsjahren — Schulknabenwesen und Ungezogenheit! Ich wasche meine Hände. — Sie geht ab.

Sechster Auftritt.

Ernestine. Selbert.

Selbert. Wie besorgt sie ist, die gute Frau! Sie liebt euch sehr, erkennt es nur immer. — Laß Fritz die rothe Stube zurecht machen.

Ernestine. Den Augenblick. Sie geht.

Selbert. Höre, Ernestine! — Laß dir silberne Leuchter geben, und stell sie auf sein Zimmer.

Ernestine. Ja.

Selbert. Wachslichter. Das Frühstück in Silber.

Ernestine. Ich will alles besorgen.

Selbert. Ferner gehst du nie auf deines Bruders Zimmer, ohne vorher angeklopft zu haben.

Ernestine. So?

Selbert. Du klopfst an, und bittest um Erlaubniß — Ich befehle dir das ernstlich.

Ernestine. Ach!

Selbert. Was hast du?

Ernestine. Ehe der Bruder wegging, war das nicht so — Wir frühstückten zusammen, und ich ging zu ihm wenn ich wollte. Er sah mich immer gern.

Selbert. Es wird wohl wieder so werden.

Ernestine. Hat uns denn Fritz nicht mehr gern?

Selbert wendet sich weg.

Ernestine. Ja — ich merkte es gleich, wie er kam.

Selbert. Woran?

Ernestine. Es hat mir schon viel Thränen gekostet!

Selbert. Was, mein Kind?

Ernestine. Ich habe Manschetten für ihn genähet, die gab ich ihm mit tausend Freuden. Da ich sie ihm brachte — ach es schmerzt mich gar zu sehr!

Selbert. Was ist es?

Ernestine. Er lachte und sagte: Es wären Sonne, Mond und Sterne darin.

Selbert. Nahm er sie? — dankte er dir?

Ernestine. Ich legte sie vor ihm hin — es war, als sähe er sie nicht, er sprach mit Marien. Ich schämte mich, daß sie nicht besser waren, und habe sie wieder mitgenommen.

Selbert. Hole sie her —

Ernestine. Hier. Giebt sie ihm.

Selbert. Recht fleißig gearbeitet — recht fleißig! Etwas groß ist die Stickerey —

Ernestine. Das macht, weil mich es die Großmutter gelehrt hat. Zu ihren Zeiten mochte das wohl Mode seyn. Sehen Sie — hier die feinen Stiche, die kann ich noch nicht machen; die hat alle die Großmutter gemacht.

Selbert gerührt. Die Großmutter?

Ernestine. Ja, bis spät in die Nacht arbeitete sie daran. Darum hatte sie vorige Woche so Augenweh — ich durfte es nur nicht sagen.

Selbert küßt sie herzlich. Besorge die rothe Stube, Kind!

Ernestine bleibt noch stehen.

Selbert. Hörst du?

Ernestine. Ja, Vater.

Selbert. Du weinst? Sieh — dein Bruder hätte dieß besser aufgenommen, hättest du ihm es nicht in den ersten Augenblicken seiner Ankunft gegeben. Man ist dann unruhig — zerstreut. Indeß will ich sie ihm zu einer Zeit geben.

Ernestine. Nein, diese geben Sie ihm nicht mehr. Er könnte wieder lachen, und das thut mir gar zu weh. Ich weiß freylich wohl — es sind einige falsche Stiche darin; wenn ich aber mit der Großmutter von ihm sprach, und wir uns beide so freuten, kamen mir manchmal Thränen in die Augen, dann stach ich daneben. — Ich will die rothe Stube besorgen, Vater. Geht schnell ab.

Selbert. Das thut mir weh! Wenn ich ihn auf dieser Seite verderbt finde, so muß ich viel Hoffnungen aufgeben!

Siebenter Auftritt.

Selbert. Andreas.

Andreas. Hahahaha! — So was — hahaha — hab' ich in meinem Leben nicht gesehen.

Selbert. Was denn?

Andreas. Hahaha! Sie können denken, daß es arg seyn muß, denn unsre alte Liese lacht.

Selbert. Lacht?

Andreas. So daß sie fast am Brotschrank umgefallen wäre. Jungfer Marie streicht sie an. —

Selbert. Ich will allenfalls auch lachen, wenn ich es erfahren soll.

Andreas. Wir stehen unten, und zieren die Kuchen- und Bratenschüsseln mit Blumen — so fährt eine schöne Kutsche mit vier Pferden — Extrapost — auf ebner Straße, im Schritt. Wir denken, es sind Kranke darin, und Liese hatte denn schon ihre Hände gefaltet, ihnen einen Stoßseufzer mit zu geben auf den Weg — Mit einmal hält die Kutsche — guckt ein alter Herr heraus, in einer Nachtmütze — mit Falkenaugen und einer brandrothen Nase; neben ihm — sitzt ein galantes, junges Madamchen — und die — hahaha —

Selbert. Nun denn?

Andreas. Darum lacht eben die Liese, so wie

närrisch — Die hat einen Perückenstock, mit einer weißgepuderten Perücke in der Hand. So — kerzengerade vor sich — und der alte Herr, hahaha — hat einen Korb mit rosenfarbnen Schleifchen auf dem Schooße vor sich stehen — da guckt eine großmächtige Katze heraus.

Selbert. Nun und diese Leute —

Andreas. Denken Sie nur, hahaha — wenn nun die Liese das Krankengebet verrichtet hätte —

Selbert. Wo sind sie denn?

Andreas. Vor der Thür.

Selbert. Vor unserer Thür?

Andreas. Ja doch. Die Katze guckt recht impertinent ins Haus herein, das kann ich Ihnen sagen.

Selbert. Und wer ist es denn?

Andreas. Er sagt, er wäre ein Licenziat Wanner.

Selbert. Wanner! Mein alter Freund! — Geschwind! — Er geht.

Andreas aus allen Kräften. Halt, halt —

Selbert. Was ists —

Andreas. Er will herauf kommen; aber nur unter der Bedingung, daß kein Frauenzimmer auf seinem Wege sichtbar ist, bis zur Tischzeit.

Selbert geht.

Andreas. Halt, halt! Wenn Sie an den Wagen herunter kämen, führe er fort, sagt er. Er hat dazu geflucht —

Selbert fröhlich. Nun denn — alles von der Treppe weg — führe ihn herauf.

Andreas geht ab.

Selbert. Nun denn! Willkommen — tausend- und tausendmal willkommen! Er trocknet sich die Augen. Mein alter Universitätsfreund! Wird mir's denn endlich so wohl, dich zu sehen? Er trippelt herum. Entgegen darf ich nicht — und möchte doch — Ach — da höre ich — Erschrecken. Ach Gott — das geht langsam, langsam! Bist du so hinfällig? Seine Stimme? — Hinaus — ich muß ihm entgegen. Er geht hinaus.

Wanner von außen. He da — da kommt ein Mensch. — Bediente, treibt den Menschen in seinen Wohnkasten!

Selbert läuft herein. Ich fühle einen Freund in der Nähe, und sehne mich ihm entgegen.

Achter Auftritt.

Selbert. Wanner in einer seidnen Chenille, Nachtmütze mit brauner Schleife, wollenen weiten Halbstiefeln über den Schuhen. Andreas.

Wanner öffnet im Hereintreten seine Arme und singt: Gaudeamus igitur —

Selbert spricht: Amici dum sumus! Eilt in seine Umarmung.

Wanner weiset ihn ab. Nichts da, nichts! Die rechte Parole, Bruder! Er singt: Gaudeamus igitur —

Selbert im Feuer. Immerhin! Spricht: Juvenes dum sumus! Will ihn umarmen.

Wanner. Gesungen, Herr Bruder — gesungen! Singt: Gaudeamus igitur —

Selbert singt: Juvenes dum sumus — Sie umarmen sich herzlich.

Wanner fällt ein. — — dum sumus! So recht! Er schlägt ihm in die Hand. Juvenes dum sumus! Jung sind wir, Herr Bruder, so lange wir leben. Jung ist, wer jung seyn will — jung verließ ich dich, jung sehe ich dich wieder — jung scheiden wir, jung sterben wir — zur ewigen Jugend erwachen wir — Gaudeamus igitur!

Selbert umarmt ihn. Von Herzen! — Sehen wir uns denn endlich?

Wanner schüttelt seine Hand. Endlich! — Nach neun und zwanzig Jahren! — Bursche — ihr seyd noch flink. — Ist das dein Bedienter?

Selbert. Ja.

Wanner. Schicke ihn fort.

Andreas geht ab.

Wanner. Gieb mir einen Stuhl — Du! Ich habe dich reiten gelehrt! — Ehre deinen Meister!

Selbert. Mann, wie wird mir, wenn ich dich so ansehe! — Neun und zwanzig Jahre liegen zwischen uns?

Wanner. So ist es. — Setz dich doch.

Selbert. Nein, dazu habe ich nicht Ruhe genug. Die alte Zeit steht wieder vor mir — die schöne Zeit —

Wanner. Wo der Vogel frey war, flog wo er wollte, und schmetterte sein Lied über Berg und Thal — Frey bin ich noch, Gott Lob! Aber was hilfts — das Pedal — —

Selbert. Aha!

Wanner darauf deutend. Ein verlorner Prozeß kann nicht mehr in integrum restituiert werden. Der Geist ist frischer, muß aber das Pedal flattieren, wie ein junger Mann eine alte Frau, die auf dem Gelde schläft. Setz dich.

Selbert setzt sich.

Wanner sieht Selberten an. Ja — neun und zwanzig Jahre sinds, daß wir von der Universität weg sind! — Habe ich dir nicht alle Quartal einen Bericht von zwey Bogen geschickt?

Selbert. Richtig! Gott lohne dirs!

Wanner. Neun und zwanzig Jahre! Er seufzt.

Pause.

Selbert. Und in diesen neun und zwanzig Jahren — ach Wanner! Freund — ach Bruder!

Wanner ernst. Indeß hast du ein Weib verloren — und hübsche, liebe Kinder behalten. Ich habe nichts verloren — denn ich hatte nichts zu verlieren! Das ist das gescheidteste, auf der Lebensreise

— wenig Gepäcke — so habe ich mich gehalten. — Nun trabē ich meinen Weg fort — bis da oben der große Kommerz angeht. — Da stehen wir beide gut angeschrieben. — Er steht auf. Hiermit Punktum von allem ernsthaften Wesen. — Höre — ich habe ein Stück Nichte bey mir —

Selbert. Wo? — Ich will gleich —

Wanner. Immer noch der galante Bursche, der der hübschen Posamentiers-Frau besser gefiel als ich! Nun — diese Nichte und respektive Mündel, und Mündel und respektive Nichte — ist unten bey deinen Weibern abgesetzt; sintemalen ich den Eingang nicht also machen wollte; alldieweilen und wasmaßen deine Töchter nicht auf die weiblichen Rechte Verzicht geleistet haben — daß eine Mannsfigur ihre erste Visite wohl geputzt mache. — Höre — so schreibe ich nicht.

Selbert. Das glaube ich dir.

Wanner. Nun, weißt du warum ich diese Nichte bringe?

Selbert. Nein!

Wanner. Deinem Fritz sollst du sie zur Frau geben, darum komme ich.

Selbert. Fritz gefällt dir?

Wanner. Ganz und gar. Er will jeden Augenblick brauchen, erwerben und genießen.

Selbert. Kennt er deine Nichte?

Wanner. So so. Sie gefällt ihm. Bursche,

die Kinder der Leute müssen noch bey unserm Leben auf den alten Gleichen, wo unsere Namen — weißt du noch — beym Abschiede in die Burgmauern eingegraben wurden — singen: Gaudeamus. — Indeß, zieh mir einmal den Pelzschuh ab — Ihr habt euch sonst immer über meinen hübschen Fuß geärgert. — Das hat ein Ende! — Bruder, ich bin verdammt häßlich geworden.

Selbert. Gewiß nicht. Denn —

Wanner. Keine Schmeicheley, oder ich fordre dich. Ich habe eine meschante rothe Nase.

Selbert. Hahaha! Deine alte Passion. Der Hochheimer?

Wanner. Und guter Freunde Wohlergehen. Sieh — hier glänzt deine Gesundheit auch. Nun mach — daß ich zu meiner Perücke komme — In der Perücke habe ich noch ein ziemlich ehrenfestes Wesen. — Wie ist es denn — es ist eine Großmama hier im Hause; darf man ihre Gesundheit trinken? — Aufrichtig!

Selbert. O ja. Wenns ein Bißchen feierlich dabey zugeht.

Wanner. Honette Seelen macht der Wein immer feyerlich. Bruder — der Wein ist ein Engelfittig — er hebt uns über uns selbst!

Selbert. Es ist zu viel Erde in uns —

Wanner. Jetzt komm, führe mich zu meiner Katze.

Selbert. Das ganze Haus ist in lachender Verzückung über diese Katze.

Wanner. Hahaha! Sind sie? Freund, die Thiere sind gleichmüthig. Wer viel betrogen ist, hängt sich an so etwas. Es lebt, es bedarf unser, es macht seine Kapriolen zur Dankbarkeit — So viel thun die Menschen nicht.

Selbert. Deine Katze soll hier respektiert werden —

Wanner. Und meine Nichte verheirathet? — Gut! so bin ich mit Nutzen gereiset.

Selbert. Davon —

Wanner. Hernach. Dann aber — Ja oder Nein. Kurz. Mein Antrag ist ehrlich — möglich — Steht Unmöglichkeit entgegen — dann Nein. Außerdem Ja!

Selbert. So sollst du mich finden.

Wanner. Brav! Zeit ist ein theures Kapital; wenige verstehen es anzulegen. Daher — außer guten Tag und guten Weg — nichts von Komplimenten.

Selbert. Es macht sie hier keiner.

Wanner. Ist vernünftig. — Weißt du wie meine Katze heißt?

Selbert. Nein.

Wanner. Jupiter.

Selbert. Viel Stolz!

Wanner. Den hat sie. Stolz muß alles seyn, was mir gefallen soll.

Selbert. Haha! — Und dir gefällt mein Sohn?

Wanner drohend. Wenn er dir nicht gefiele —

Selbert schiebt ihn weg. Nun, komm nur jetzt zu deinem Jupiter.

Wanner. Halt! — Wart, daß ich in Gang komme.

Selbert. Steht es so? O weh!

Wanner. Freylich — o weh! Er geht einen Schritt, bleibt stehen, und kehrt um. Mit alle dem kann ich doch sagen — niemals habe ich den Französischen, bleichen, schäumenden Revoluzionswein getrunken. Nie habe ich einen Tropfen Hochheimer über meine Lippen gebracht — wenn mir nicht vorher, um irgend eine gute Handlung, das Herz hoch an die Brust schlug. Somit gilt diese rothe Nase für ein Ehrenzeichen!

Selbert. Dazu kenne ich dich!

Wanner. Ich habe manchem boshaften Teufel das Schaf der Armuth aus dem Rachen gerissen, manche Betschwester christlich handeln machen. In jedem Federstriche, den ich gegen Absichten, Familienbund und Richterkomplott geführt habe, war Segen. Denn in meiner Feder war immer ein Herz, das nur den fürchtet — der ihm gebieten kann: Schlag nicht mehr! Dann gings auch durch und durch! — Dabey bin ich nicht reich geworden — aber zufrieden — nicht geliebt, aber hie und da gesegnet.

Selbert. Das gleicht dir alles — alles!

Wanner. Herz und Muth sind noch beysammen — aber die Maschine läßt nach — also den Hahn in die Ruhe! Ich höre auf zu arbeiten, und suche Freundesarm.

Selbert. Da!

Wanner. Gut.

Selbert. Und Herz, Haus und Hof dazu!

Wanner. Gut. Ich bin nicht grämlich. Wenn ich einmal aufhöre, braucht euch nicht unheimlich dabey zu werden. Einige fromme Augenverdreher werden freylich sagen: — „Der böse Feind hat ihn geholt!" — Ich aber werde ein Bund von meinen stumpf geschriebenen Federn unter mein Kopfkissen legen, und, glaub mir, darauf schlummere ich sanft hinüber.

Selbert weich. Hm. Wanner — gute Seele, wie rührst du mich! —

Wanner. Was giebts? — Thränen! Mannsthränen — mir?

Selbert sanft, seine Hand nehmend. Gaudeamus igitur! Spricht es.

Wanner singt: Juvenes dum sumus! Post jucundam juventutem, Sie sind indeß Arm in Arm gegangen. post molestam senectutem, nos habebit tumulus! Das letztere war schon draußen gesungen.

Neunter Auftritt.

Amalie Fersen. Marie. Ernestine. Peter voraus.

Peter der die Perücke trägt. Der Vater und Herr Wanner sind schon weg. Sehen Sie.

Amalie. Geben Sie mir die Perücke nun wieder. Ich lasse mir nicht in mein Amt greifen. Des Onkels Perücke ist mein Werk.

Peter. So lassen Sie mich hübsch Sorgfalt für Ihr Werk tragen.

Amalie. Zudem braucht sie der Onkel —

Ernestine nimmt sie Petern weg. Gieb. So sehe ich die Katze. Geht damit fort.

Marie. Liebt der Onkel Sie so sehr, als Sie ihn lieben?

Amalie. Ja. Meine Aeltern, die schon lange todt sind — hat er mich nicht vermissen lassen. Er ist ein sehr gütiger Freund, auch habe ich kein Geheimniß vor ihm. Leider hatte ich einst eine Leidenschaft, von der er mich früher geheilt haben würde — die habe ich damals verschwiegen. Sonst habe ich mir nichts vorzuwerfen.

Peter. Das gefällt mir; wie Sie mir überhaupt gefallen.

Amalie höflich. Herr Selbert —

Peter. Wenn ich das nicht glaubte, würde es nicht über meine Zunge gehen. Ich glaube es aber so — darum sage ich es. Nehmen Sie es nicht übel.

Ernestine kommt wieder.

Peter. Manches junge Frauenzimmer würde vor Kummer vergehen, wenn sie mit eines Onkels Perücke in der Hand in ein fremdes Haus gehen sollte. Wie Sie ausstiegen, habe ich auch darüber gelacht — aber als ich Sie mit so netten Schritten — die Augen immer sorgfältig auf die Perücke geheftet, auf das Haus zugehen sah — hat mir das gleich sehr wohl gefallen.

Amalie. Das freut mich.

Peter. Wahrhaftig, es hat mir gefallen; denn ich sah gleich, daß Sie den alten Mann lieb haben müßten, weil Sie es von Herzen gern thaten.

Marie. Auch sind wir gleich so vertraulich zusammen gewesen. Obschon wir Briefe gewechselt haben, würde das doch nicht seyn, wäre nicht etwas in Ihrem Wesen, darum man Ihnen von Herzen gut seyn muß.

Ernestine. Gedacht habe ich das auch, aber ich wußte nicht, wie ich es sagen sollte.

Amalie. Liebe Mädchen — liebe Freundinnen — Sie umarmt beide.

Peter. Da haben Sie recht. Seyn Sie Freun=

din von den Mädchen. Meine Schwestern sind recht gut. — Umarmen Sie sie immer noch einmal.

Amalie umarmt sie. Von Herzen.

Peter. So. Das ist hübsch. Wenn aber meine Schwestern nun gesagt hätten — „ich wäre auch so übel nicht;" das wäre vernünftig. Sie hätten denn vielleicht gesagt — „Das glaub' ich," oder so etwas; dann hätte ich Ihre Hand küssen dürfen.

Amalie verlegen. Lieber Herr Selbert —

Peter. Nennen Sie mich nicht — „Lieber Herr," — denn ich nehme alle Menschen beym Worte, und noch kann ich Ihnen nicht lieb seyn.

Amalie. Da haben die guten Leute nun alle eine vortheilhafte Meinung von mir. Wie werde ich die erhalten können?

Peter. Ja! Sie werdens. Ich stehe dafür. Ich wette unsern besten Acker — Sie sind so, wie Sie scheinen. Sie haben etwas gar Ehrliches in den Augen; denn alle Ihre Blicke gehen gerade, wo sie die Seele hinschickt. — Es sind weder halbe noch Viertelsblicke, die schön lassen sollen. Es steht allemal darin — so meine ich es. Sie haben auch ein recht hübsches Auge. Fürwahr, man wird recht gut gesinnt, wenn man sich lange darin besieht.

Amalie. Liebe Marie, ich muß Ihnen sagen, daß ich das mit Freuden höre.

Peter. Siehst du, Schwester, wie gut! Da hätte nun manche die Augen fest zugedrückt — und von der letzten Redoute, oder so etwas gesprochen. Es freut mich, daß Sie es gern hören, was ich sage. Man soll immer mehr sagen als man denkt — das ist Sünde — aber die Welt will betrogen seyn, sagt unsre Großmutter.

Amalie. Gehen wir nicht zu ihr?

Marie. Jetzt zieht sie sich an.

Ernestine. Und da dürfen auch wir nicht zu ihr.

Peter. Sie ist eine gute alte Frau — aber auf mich hält sie nicht viel.

Amalie. Warum das nicht?

Peter. Ich soll ihrem Schwager gleich sehen, den hat sie nicht leiden können.

Marie. Bey ihr spricht er nicht viel — das mißfällt ihr — sie ist lebhaft.

Peter. Wovon soll ich mit ihr reden? Die alten Zeiten habe ich nicht gekannt; gute Lehren — nehme ich hin, und damit gut.

Ernestine. Wenn du nur halb so artig mit ihr sprächest, als mit Mamsell! — Da kannst du doch reden.

Peter. Ey — die Mamsell ist auch keine Großmutter.

Amalie. Dem Dinge viel Gutes. Sie werden mich auch oft von alten Zeiten sprechen hören.

Peter. Thut nichts — Sie sind neu. Weiß der Himmel, Sie sind allerliebst. Wie schön müßten

Sie nicht erst seyn, wenn Sie so schlichtweg angezogen wären, wie meine Schwestern.

Ernestine. Dann hätte ich noch mehr Muth mit Ihnen zu reden.

Amalie. Diese Moden, mein Kind, sind ein Fürwort für unsre Figur, und wenn man sich bewußt ist, es zu bedürfen —

Peter. Nein, nein! Ihr liebes Auge da — braucht die Thürme und Fahnen nicht über sich.

Amalie. Wir wollen sehen — auf den Abend — wenn Marie mir einen Anzug leihen will. —

Marie. Das will ich — und dann werden Sie die Führerin unserer Freuden am Herbstfeste.

Ernestine. Ach ja!

Marie. Sie erzeigen mir damit eine Freundschaft — eine Wohlthat — Ich fühle mich nicht dazu —

Amalie. Haben Sie Kummer?

Marie drückt bedeutend ihre Hand

Peter. Der Himmel weiß, was es ist! Sie dauert mich. Sonst — ehe sie in der Stadt war, sprang sie über Bach und Busch — seitdem aber — — — Dort haben sie ihr Bücher gegeben; nun liest sie, und weint; sie geht nicht mehr, sie schleicht; ihre Rosenwangen sind weg — ihre Hände sind kalt, und wenn man sie ansieht, weint sie.

Ernestine. Ja, ja — der Bruder hat Recht.

Amalie zu Marien. Hat er?

Marie umarmt sie und weint.

Peter. Sehen Sie, so ist sie immer. Wenn das so fortgeht, muß sie, weiß Gott, sterben. Höre Marie — sieh mich an — ich weiß wohl, daß du weinst — aber sieh darum nur her. Vertraue dich der Jungfer an. Wenn du ihr ins Auge siehst — mußt du aufrichtig seyn — denn sie ist gut. Helfen Sie ihr, liebe Jungfer; meine Schwester ist herzensgut, und ich habe sie gar lieb. — Ich will gehen — Darf ich wohl Ihre liebe Hand küssen?

Amalie reicht ihre Hand ihm zum Einschlagen hin. Guter Bruder!

Peter küßt sie. Nun reden Sie mit ihr. Ich muß gehen, dem Gesinde nachsehen. — Der Vater hat gar einen großen Haushalt. Darf ich Ihre Hand — Ja so — ich habe sie schon geküßt. Nun reden Sie mit ihr. Komm, Ernestine. Sie gehen ab.

Zehnter Auftritt.

Marie. Amalie.

Marie. Ja — ich wünsche mich Ihnen anzuvertrauen. Ich sehne mich nach einer Seele, die mich leiten und trösten kann.

Amalie. Freundin — lassen Sie Seelengleichheit den Mangel der vieljährigen Freundschaft ersetzen. — Sie haben den Zug des tiefen Leidens —

Marie. Ich leide —

Amalie. Verborgen?

Marie. Ja! Wem sollte ich mich hier entdecken? — Wenn meine Leidenschaft nicht strafbar ist — so ist sie thöricht.

Amalie. Sie lieben?

Marie. Ich stehe am Abgrunde, retten Sie mich. Kein Augenblick ist zu verlieren. Ich soll einem andern meine Hand geben.

Amalie. Sollen? Armes Kind!

Marie. Ich will — mein Gewissen retten — und mein Herz zerreißen! Ich will mich opfern, um meine Thorheit, mein Unrecht gut zu machen! Nur daß ich den Muth behalte — daß — ich mich opfre, daß ich nicht zurück falle — nur dahin leiten Sie mich. Stärken Sie mich, zeigen Sie mir meine Pflicht, ihren Lohn. — Lassen Sie mich elend seyn — sterben, nur erhalten Sie mir die Würde der guten Tochter! Freundin — Schwester — rette mich vor meiner Schwäche. Ich sehe auf deinem Gesichte, daß auch du gelitten hast, und Rettung fandest, ich sehe, daß du mich begreifst, duldest. — Mein Herz ist leichter, da ich an dem deinen ausweinen kann.

Amalie. Ich will, was eine Schwester vermag. Wen lieben Sie? —

Marie. Den Freyherrn von Lechner.

Amalie betroffen. Von Lechner?

Marie. Er liebt mich über alles, ist —

Amalie. Von Lechner?

Marie. Ist hier auf der Jagd.

Amalie. Ist hier?

Marie. Und wird heute Mittag hier seyn, indem ich —

Amalie. Sammeln Sie Sich. Dieser Lechner —

Marie. Indem ich einem andern meine Hand geben soll!

Amalie. Dieser — nämliche Lechner hat mir einst meine Ruhe, fast das Leben gekostet. Er ist so sehr —

Eilfter Auftritt.

Ernestine. Hernach Andreas und Peter. Die Vorigen.

Ernestine. Schwester, die Jagd kommt —

Andreas. Die Jungfer möchte herunter kommen. Er geht ab.

Peter. Mein Vater kommt —

Marie. Ach Gott, nur jetzt laß mich ihn nicht sehen — Meine Thränen ersticken mich.

Amalie. Kommen Sie, Kleine — stellen Sie mich Ihrem Vater vor. — Bleiben Sie noch, Herr

Selbert. — Marie — Ihr Engel hat mich gesendet! Sie geht mit Ernestinen ab.

Peter. Wie ist dir? Weine nicht. — — Die Jagd kommt — du mußt hinunter; laß nicht sehen, daß du geweint hast.

Marie. Bruder! Sie umfaßt ihn voll Wehmuth.

Peter. Ich will auf mein Tuch hauchen — halt es an deine Augen. Er thut es.

Marie trocknet damit ihre Augen ab. Ich danke dir.

Peter. Lieber Gott! könnte ich nur deine Seele so erfrischen wie deine Augen!

Marie. O das thust du.

Man hört nahe Fanfare blasen.

Peter. Hörst du? Sie sind es —

Marie. Ich höre — Ewig werde ich das hören!

Peter. Da sind sie. — Sieh — Fritz und Herr von Lechner zusammen. Fritz gefällt mir doch besser. Weine nicht — es entstellt dich. Ich möchte, daß du aller Welt gefielest.

Marie. Ich will niemand mehr gefallen.

Peter. Sie sind doch wohl glücklich gewesen — sie blasen die Todtenfanfare.

Marie. O daß ihr Schall über mein Grab wegginge! — Dann wäre ich glücklich, und ihr alle. Sie geht ab.

Peter allein. Es ist etwas in ihrem Herzen, das zehrt sie ab — und sie wird wohl daran sterben!

Wenn du zu der Mutter gehst, Mariechen, dann freuet mich das Leben auch nicht mehr. — Ach mein armes Mariechen! Er wischt sich eine Thräne aus dem Auge, und geht ab. Die tiefen Töne der Fanfare schließen. Der Vorhang fällt.

Dritter Aufzug.

Erster Auftritt.

Wanner. Frau Saaler.

Wanner. Kommen Sie voraus, mit in den Garten, da will ich Ihnen alle meine Projekte erzählen —

Fr. Saaler. Davon mir das sehr lieb ist, wenn Sie hier bleiben wollen. — Sehen Sie, das hier sollte Ihr Wohnzimmer seyn.

Wanner. Schöne Aussicht! Hier das Kornfeld — die kleine Anhöhe mit Buschwerk im Grunde — die Landstraße unter dem Fenster!

Fr. Saaler. Landstraßen sehe ich sehr gern —

Wanner. Sie sind unterhaltend.

Fr. Saaler. Und erbaulich.

Wanner. Erbaulich? Gebrechliche Landstraßen kenne ich genug, erbauliche wenig.

Fr. Saaler. So meine ich es nicht. Wenn ich ein großes Stück Landstraße vor mir sehe — fällt mir allemal der Lebensweg dabey ein.

Wanner. Hahaha — ah — so — so!

Fr. Saaler. Da wird mir es wohl, wenn ich auf das Zurückgelegte noch einmal hinsehe — wenn mir dann vorwärts eine Höhe den Blick verschließt, daß ich nichts mehr sehe, als Frucht und Himmel — so gedenke ich dabey der Lieben, die schon hinüber sind, und freue mich, daß es nicht so weit mehr ist.

Wanner. Aha! — Sie scharmiren mit dem Tode? Das kann ich nicht. Mir ist und bleibt er allemal eine extra unhöfliche Erscheinung. Da wird man weggerufen — oft so vom ersten Glase, der zweyten Bouteille — und ich — unter uns, für morgen Mittag gesagt — bin kein Freund von allzu frühem Tischaufheben.

Fr. Saaler freundlich. Will mirs gesagt seyn lassen. Bedenklich. Aber der Tod, Herr Licenziat — der Tod — —

Wanner. Ey um alle Welt, wie möchte ich so lieben alten Wein im Keller haben, und vom Tode sprechen! Wenn die Sonne noch so hell und so hoch am Himmel steht, und in die gefüllten Gläser so neidisch hinein sticht — als wollte sie dem goldgelben Wein wieder nehmen, was sie ihm vor vier und vierzig Jahren geschenkt hat —

Fr. Saaler. In unsern Jahren, Herr Licenziat —

Wanner. Man muß sich vor dem Tode in Acht nehmen. Kommt der letzte Termin, und der grießgrame Kerl will mir keine Frist mehr dekretieren — — nun so bin ich auch da. Daß ich ihm aber vorher die Cour machen sollte — daraus wird nichts. — Weil wir aber doch von Landstraßen redeten — so muß ich Ihnen sagen — ich bin dankbar, wohlwollend — alles was ein Kerl seyn muß, der den Tod nicht fürchten will, wenn ich auf der Lebensstraße solche Menschen finde, wie ihr seyd, und —

Fr. Saaler. Freut mich, Herr Wanner, freut —

Wanner. Und solche Küchen, wie Sie bestellen. Nun mag Selbert mit meiner Nichte plaudern — kommen Sie in den Garten. Lieber gebe ich Ihnen den Arm, als manchem Mädchen von sechzehn Jahren —

Fr. Saaler. Hm! — Vielleicht gehen Sie ungern in den Garten —

Wanner im Gehen. Sehr gern, so lange die Sonne scheint, und Sie nicht vom Tode sprechen wollen. Sie gehen ab.

Zweyter Auftritt.

Marie. Herr von Lechner.

v. Lechner. Bleiben Sie —

Marie will weiter. In den Garten —

v. Lechner. Nur einen Augenblick —

Marie. Mein Vater will uns dahin folgen, Herr von Lechner.

v. Lechner. Herr von Lechner?

Marie. Mein Vater folgt uns.

v. Lechner sanft. Nicht mehr Ihr Karl?

Marie fest. Nein!

v. Lechner. Karl – der Ihr Bild auf dem Herzen trägt, so wie er Sie —

Marie. Geben Sie mir es zurück.

v. Lechner. Für wen?

Marie. Ich bin Geisers Verlobte.

v. Lechner. Meineidige!

Marie. Meineid gegen Sie — ist Tugend.

v. Lechner. Marie!

Marie. Wohl mir, daß ich das weiß! — Meineid gegen Sie, ist Tugend.

v. Lechner. Wer sagt das?

Marie. Eine Betrogne.

v. Lechner. Sie sagen es nicht?

Marie. Fühlen Sie Sich?

Pause.

v. Lechner. Ja, Mariens und meiner werth.

Marie. Wodurch?

v. Lechner. Durch Schweigen. Pause. Sind Sie mit Geisern verlobt?

Marie. Vor wenig Stunden durch mein Wort — seit kurzem durch mein Herz!

v. Lechner. Nicht in der Form — so sind Sie noch zu retten!

Marie. Wovon?

v. Lechner. Von einem unversöhnlichen Feinde.

Marie. Ich kenne keinen, als —

v. Lechner. Sich selbst.

Marie. Warum diese Wendungen, da ich Sie kenne —

v. Lechner. Seit kurzem —

Marie. Ja.

v. Lechner. Ich kann das reimen. Amalie Fersen —

Marie. Kann dieser Name ohne Erröthen über Ihre Lippen gehen? Konnten Sie ihren Blick ertragen? Nun — nachdem Sie ihn genannt haben, nachdem ich ihn genannt habe — Amalie Fersen — da ich weiß, wie Sie dieß gute Mädchen getäuscht haben, wie nur die Stärke ihrer Seele sie vor — Laster und Verderben retten konnte — sind Sie noch im Stande, den Blick eines Mädchens zu ertragen, dessen Liebe Sie nie verdienten, und dessen Tugend Sie demüthigen muß? — Ich sehe, Sie zwingen den Blick auf mich — aber er ist starr und frech. Den Seelenadel der Unschuld kenne ich. Sie wagen ihn nachzumachen — und sind mir verächtlich! Geht.

v. Lechner. Marie —

Marie. Fort —

v. Lechner. Gleich! — Kommen Sie zu Ihrem Vater.

Marie stutzt. Zu meinem Vater?

v. Lechner. Ja.

Marie. Zu meinem Vater?

v. Lechner. Ich habe so viel Ehre als Liebe. Sie müssen erfahren, ob die Liebe, die Sie mir bisher geschenkt haben — und die — nur zu viel für meine Ruhe, das Glück meines Lebens machte — einem Manne von Ehre widerfuhr — Ihr Vater entscheide.

Marie. Sie wissen, daß ich das nicht kann. Warum soll ich länger die Wendungen Ihres Verstandes auf Kosten Ihres Herzens bewundern?

v. Lechner. Sie können. Gestehen Sie — klagen Sie mich an — Sie haben ja Verdienst, wenn Sie auf meine Entfernung dringen. Beharren Sie auf der Verbindung mit Geisern, Grausame! — nur lassen Sie mich als Mann von Ehre vor Sich stehen! Ist es Trost, den zu verachten, den man nicht mehr lieben will, und haben Sie mit der Liebe zu mir, auch dem Edelmuth Ihrer Seele entsagt?

Marie. Herr von Lechner —

v. Lechner. Ach, Marie, Sie, die ich — Doch, was ich aus der Fülle meines Herzens sagen möchte — wollen Sie nicht mehr hören! So lassen Sie mich denn kalt fragen — Was beschließen Sie über meine Ehre? Pause.

Marie. Könnten Sie Sich gegen Amalien rechtfertigen?

v. Lechner. So wünschen Sie doch meine Rechtfertigung?

Marie. Sie beantworten meine Frage nicht —

v. Lechner. Ob ich mich vor Amalien rechtfertigen kann? — Ich will mich rechtfertigen.

Marie. Das wollten Sie?

v. Lechner. Ja. Was bin ich Ihnen dann?

Marie tiefsinnig. Lechner!

v. Lechner. Wenn ich mich gerechtfertigt habe — was sind Sie mir dann schuldig, Marie?

Marie. Sie — oder Amalie — eines täuscht mich —

v. Lechner. Wer?

Marie. Herr von Lechner!

v. Lechner. Wollen Sie es nicht untersuchen — so sind Sie eine wärmere Freundin als Geliebte!

Marie. Ich bin Geisers Verlobte.

v. Lechner. Sie sind es — und noch machte ich Ihnen keinen Vorwurf. Sie sollen nie durch mich leiden. Ich will Sie nur überführen, daß ich werth bin, um Sie zu leiden — Kommen Sie zu Amalien.

Marie. Das könnten Sie — das wollten Sie, und ertrugen meine Vorwürfe?

v. Lechner. Mit Schmerz! Und den Schmerz ertrug ich männlich — um Weiblichkeit zu schonen!

Marie. Wessen Weiblichkeit —

v. Lechner. Amaliens. Doch nun bleibt nichts mehr übrig, mich zu retten; also — was es mir auch kostet — kommen Sie zu Amalien.

Marie. Pause. Amalie liebte Sie?

v. Lechner. Mehr, als ich erwiedern konnte. — Sie reißen dieß Geständniß aus mir. Sie ist ein vortreffliches Geschöpf! warum muß diese Leidenschaft sie uneins mit sich selbst machen! Diese Eifersucht, die jeden andern beglücken müßte — macht das Unglück meines Lebens, da sie Marien gegen mich erbittert hat.

Marie. Wenn Amalie mich hintergangen hat — wenn Sie unschuldig sind —

v. Lechner. Soll ich Sie überzeugen?

Marie. So liebt sie unglücklich, und ich will sie nicht demüthigen.

v. Lechner. Das ist gerecht und edel. — War Marie das auch gegen mich, als sie sich mit Geisern verlobte — da sie mich noch für schuldlos hielt?

Marie. Karl!

v. Lechner. Du liebst mich!

Marie. Grausamer —

v. Lechner. Willst du um deine Jugend dich betrügen — um alle Lebensfreuden?

Marie. Mir blühen keine mehr!

v. Lechner. Willst du geloben, was du nicht halten kannst?

Marie. Was kann ich, was soll ich —

v. Lechner. Deinem Herzen folgen.

Marie. Und —

v. Lechner. Mich glücklich machen! —

Marie. Karl! Ich stehe zwischen Tod und Leben — betrüge mich nicht!

v. Lechner. Marie —

Marie. Bekenne dich meinem Vater!

v. Lechner. Zur feurigsten Liebe —

Marie. Zu meinem künftigen Gatten bekenne dich. Wenn du das gethan hast — dann will ich hingehen, und sein ernstes Auge erdulden, seinem nassen Auge will ich mich entgegen stellen! Die Angst, die Zweifel, womit er meine Hand in deine legen wird — will ich überstehen. Die Thräne, daß sein liebes Mädchen ihn hintergehen konnte — soll auf meinen Scheitel fallen — und doch will ich in deine Arme eilen — Mehr habe ich dir nicht zu geben — das will ich dir opfern, nimm es —

v. Lechner. Auf meinen Knieen —

Marie. Und schätze es —

v. Lechner. Ewig!

Marie. Sonst hast du mich gemordet.

v. Lechner. Marie!

Marie. Denn das beschwör' ich dir, bei dem Heiligthum meiner Tugend — wenn du mich hintergehst — so will ich nicht mehr leben.

v. Lechner. Ich will mit deinem Vater reden.

Marie. Wann?

v. Lechner. Heute noch. Nur — der Vollzug unserer Verbindung wird noch anstehen müssen, bis ich mit meinen Verwandten einige Dinge berichtigt habe.

Marie. Berichtige sie.

v. Lechner. Endlich glücklich! Umarme mich, Marie —

Marie weiset ihn zurück. Nicht so —

v. Lechner. Wie? noch immer —

Marie. Der Zustand zwischen Tod und Leben! Bist du edel — so ruft mich deine Hand ins Leben. Kannst du mich betrügen — so — merke dir es — bey dem Heiligthume meiner Tugend — höre es jetzt und immer — in der letzten Stunde deines Lebens, wie du es in der ernsten Stunde deines Gerichts hören wirst — kannst du mich betrügen, so will ch nicht mehr leben! Auf Wiedersehen, Karl.

v. Lechner. Wann?

Marie. Vor dem Altare, oder in der Ewigkeit!

Sie geht ab.

Dritter Auftritt.

Von Lechner allein.

Was hab' ich da gemacht? — Für eine Avantüre wird das zu ernsthaft. So kanns nicht bleiben; und anders? — Nein wahrhaftig! dazu ist das Mädchen zu gut. Ehrlich kann ich nicht handeln, dagegen schreyen Konvenienz, Plan und Aussicht meines Lebens. Und schlecht? — Das wird mir doch sauer gegen sie. — Wie komm' ich da mit Ehren durch? Wie spiel' ich den Roman zu Ende, ohne sie offenbar zu beleidigen? Wenn ich bey dem Bruder selbst den Roman untergrübe. — — Ja, ja! Da verlör ich nicht in ihren Augen, und handelte zugleich halb und halb ehrlich. — Freylich, den Vater ansprechen; das geht nicht. Er könnte mich beym Wort nehmen, und kann ich mich dabey nehmen lassen? — Unmöglich! Also sie muß glauben, ich habe Wort gehalten — indeß — Ah, der Bruder. Wie gerufen!

Vierter Auftritt.

Fritz. Von Lechner.

Fritz. Man hat Sie allein gelassen —

v. Lechner. Mamsell Marie ging eben von mir.

Fritz. Sie müssen die Zeit lang finden.

v. Lechner. Nicht im geringsten. Ihr Herr Vater wünscht sehr den Wiesenpacht zu erneuern — Ich erwarte hier noch den Bericht meines Amtmanns, und es soll mich wahrhaft erfreuen, wenn ich den redlichen Mann verbinden kann. Ich nehme sehr viel Theil an —

Fritz. Ich bin —

v. Lechner. Kein Kompliment. — Warum machten Sie nicht einmal von der Universität einen Ritt zu mir herüber — ohnehin, da Mamsell Marie in unserer Stadt war?

Fritz. Ich mochte die Zeit nicht —

v. Lechner. Pst — die schöne Zimmermannstochter — ich weiß davon.

Fritz. So bitte ich Sie — hier nicht davon —

v. Lechner. Versteht sich. Dergleichen Scherze sind allemal übel angebracht. — Es ist aber ein vortreffliches Mädchen — und sehr gescheidt.

Fritz. Brechen wir davon ab —

v. Lechner. Auf dem nämlichen Wege. Ihre Schwestern sind allerliebste Mädchen.

Fritz. Sehr gewöhnliche —

v. Lechner. Die älteste hat ein feines, rasches Gefühl.

Fritz. Sie haben sie kennen gelernt, als sie dort —

v. Lechner. Ja. Ich war so glücklich, damals etwas bey ihr zu gelten. — Ich dachte, sie hätte das längst vergessen —

Fritz. Einen Mann, wie Sie, vergißt —

v. Lechner. Kein Kompliment. — Ja — ich war wirklich frappirt, sie noch so gütig für mich zu finden.

Fritz. Doch nicht unangenehm frappirt?

v. Lechner. Hm — das beantworte ihre Schönheit — ihre Figur — ihr Verstand. Ich gestehe, Herr Selbert, wären die unglücklichen Vorurtheile nicht — stünde nicht hier und da Verlust der Revenüen darauf — so eine Person wünschte ich mir zur Gattin —

Fritz. Das begreife ich.

v. Lechner. Es müßte eine paradiesische Ehe werden. Aber der Weiseste muß hier und da Verhältnisse ehren — die, die —

Fritz. Natürlich — natürlich!

v. Lechner. Wirklich muß daher ein Mann meines Standes doppelt behutsam in der Sprache mit jungen Bürgermädchen seyn. Hat man das Glück — ungefähr — zu gefallen — so nimmt sehr leicht ein junges Mädchen allgemeine Artigkeiten für Erklärungen — ist im Stande, eine Leidenschaft in ihrem Herzen zu fassen — die — die —

Fritz. Wollen Sie mir damit etwas —

v. Lechner. Herr Selbert, Sie sind ein vernünftiger Mann —

Fritz. Genug! — Meine Schwester —

v. Lechner. Wirklich hat das gute Kind eine Leidenschaft für mich — hegt gewisse Ideen —

Fritz. Herr Baron, geben Sie mir die Ladung auf Einmal —

v. Lechner. Es ist begreiflich, daß ich ihre Neigung mit Artigkeit, mit Dankbarkeit aufnahm. — Daraus entstand, wie ich hier und da merke — in ihr die Erwartung einer Verbindung. — Sie verfährt mit möglichstem Anstand dabey — Da aber die Sache nicht wohl statt haben kann —

Fritz. Versteht sich.

v. Lechner. So halte ich es für Pflicht — ihr Glück nicht zu stören, Ihnen einen kleinen Fingerzeig davon zu geben.

Fritz. Den ich nützen will —

v. Lechner. Sie werden ohne meine Erinnerung die Delikatesse haben, mich aus dem Spiel zu lassen, und alles für eigne Bemerkung ausgeben; wie es Ihnen denn nicht entgehen kann, wenn Sie Acht geben wollen. Am besten ist es, Sie reden von weitem mit ihr — über das Elend ungleicher Verbindungen —

Fritz. Dieß Kapitel liegt mir so nahe — — Ich danke Ihnen, Herr Baron, ich danke Ihnen herzlich.

v. Lechner. Sie versprechen mir, dem Herrn Vater nichts davon zu sagen?

Fritz. Wenn meine Schwester sich darnach beträgt.

v. Lechner. Ihr selbst — wenigstens heute nichts.

Fritz. Das verspreche ich nicht.

v. Lechner. Ich werde heute Abend noch wegreisen, und Sie werden — das Vertrauen setze ich in Ihre gute Lebensart, mich — als einen jungen Mann — nicht so gegen Ihre Schwester über stehen lassen wollen.

Fritz. Nun — seyn Sie ruhig —

v. Lechner. Ferner begreifen Sie, daß ich die gewöhnlichen Höflichkeiten — und Abends vor Abschied noch einen Besuch bey ihr machen muß: denn —

Fritz. Ja doch.

v. Lechner. So verlasse ich mich also auf Ihre vernünftige Conduite.

Fünfter Auftritt.

Vorige. Wanner.

Wanner. Kuriose Menschen seyd ihr. Da gehe ich mit der Großmama im Garten herum — so lange — daß ich alle Kräuter auswendig weiß, und wozu sie dienen, und wem sie schon gedient haben — alles das weiß ich auswendig, und ihr kommt doch nicht.

v. Lechner. Lassen Sie uns hinunter zum Kaffee gehen, Herr Selbert —

Wanner. Um ihn köstlich warm zu erhalten, hat ihm die alte Dame ein gesticktes Nachthäubchen aufgesetzt, in Gestalt eines Babylonischen Thürmchens. Nun so geht ihr Menschenkinder — ich habe meine Kompetenz.

Fritz und Lechner gehen ab.

Wanner. He da — Er klingelt.

Sechster Auftritt.

Wanner. Andreas.

Wanner. Freund, rufe Er Seinen Herrn.

Andreas. Ganz wohl. Sonst wollte ich nur sagen — wer mich verlangt, muß dreimal schellen. Er geht ab.

Wanner. Ein Zeichen, daß du der Langsamste bist! — Also eine Heirath will ich stiften? — Hm — ich bin so leicht hergefahren — und nun — wird mir es doch warm ums Herz! Warum? — Ich habe Unrecht. — Ich meine es gut, ich sehe es als gut an — damit holla! Das Klügeln macht nicht glücklich. Ist es gut — so gieb dein Gedeihen — du — der du deine Menschen gern froh und glücklich siehst. Ist es nicht gut — so laß mir kein einzig Wort gerathen, was über meine Zunge kommt.

Siebenter Auftritt.

Wanner. Selbert. Amalie. Peter. Ernestine.

Selbert. Du hast mich verlangt —

Wanner. Dich, die andern nicht. Packt euch in den Garten.

Peter. Das hat der Onkel recht so gesagt, wie ich es wohl mag! Kommen Sie. Er führt Amalien, die mit Ernestinen an der Hand geht, ab.

Achter Auftritt.

Selbert. Wanner. Hernach Andreas.

Selbert. Ein liebes Mädchen, deine Nichte, ein allerliebstes Mädchen.

Wanner. Das weiß ich wohl.

Selbert. Ein vernünftiges Mädchen.

Wanner. Das weiß ich.

Selbert. Hättest du mich nicht rufen lassen, wir plauderten noch zusammen. Sie ist eine gar gute Seele.

Wanner. Das weiß ich. — Nun — das Mädchen hat mir einen Dienst gethan, daß sie dir zu gefallen gewußt hat. Damit hat sie die Vorrede zu meinem Heirathskapitel gemacht.

Selbert. Wenn sie meinem Sohn gefällt und ihr mein Sohn — so ist das ganze Heirathskapitel bei mir abgethan.

Wanner. Das Mädchen hat keine Leidenschaft — und er hat ihr gefallen. Noch ehe wir ausstiegen, habe ich sie gefragt — ihr ist es recht.

Selbert. Wenn mein Sohn —

Wanner. Er hat sie bei seiner Tante gesehen — und gern gesehen. Sie hat Geld — er will hinauf. — Heut kommt alles zu Stande, und dabey habe ich Papa's Ansehen.

Selbert. Du siehst gern, wenn es rasch geht —

Wanner. Freylich! Das Leben geht rasch zu Ende, man muß sich rühren, wenn man alles mitnehmen will, was einem Gutes aufstößt.

Selbert. Willst du, so lasse ich meinen Sohn rufen?

Wanner. Ich will.

Selbert schellt dreymal.

Wanner. Wie kannst du die alte Schnecke um dich dulden? —

Selbert. Sie streckt doch ihre Hörner, wenn es gilt.

Andreas kommt.

Selbert. Fritz ist im Garten, rufe Er ihn.

Andreas geht ab.

Wanner. Nun laß mich die Fragen machen, sey kurz in Einwürfen — Hauptskrupel — heb' auf bis wir allein sind.

Selbert. Ey du wirst doch nicht überreden wollen —

Wanner. Nachdem es fällt. Freund, der Ehestand ist ein respektabler Dienst: weil aber darin keine Kapitulation Statt findet, so kostet es doch manchmal Mühe, bis man einem jungen Rekruten den Hut auf den Kopf bringt.

Selbert. Immer launig! Glücklicher Mann!

Wanner. Habe ich dir nicht vorher gesagt — so würde ich bleiben?

Neunter Auftritt.

Vorige. Fritz.

Wanner. Bursche — tritt hervor. Richte dich! — Hm — du bist ein hübscher Kerl — hast das Maß, geh' in den heiligen Ehestand.

Fritz. Meinen Sie —

Wanner. Im ganzen Ernst.

Selbert. Ich bin mit dem Antrage einverstanden, mein Sohn, wenn er dir gefällt.

Fritz. Und zu welcher Fahne soll ich schwören?

Wanner. Amalie Fersen.

Fritz. Ah, eine hübsche Uniform! Das engagirt.

Wanner. Und 18000 Thaler Handgeld.

Fritz. Vater?

Selbert. Ich will dich hören.

Fritz. Der Werbung gefalle ich, ob ich dem Regiment gefalle —

Wanner. Du gefällst.

Fritz. Das muß ich selbst untersuchen.

Wanner. Sollst du. Dann aber —

Fritz. Bin ichs zufrieden.

Wanner. Gut. Indeß nimm dieß von mir — Will ihm seinen Ring geben.

Fritz. Rekrut nimmt nichts, als nach erprobten Dienstjahren.

Wanner. Zugestanden. Rechts um — ab.

Fritz geht ab.

Zehnter Auftritt.

Wanner. Selbert.

Wanner. Excellent ist der Kerl! excellent, Bruder! — Hätte mir irgend eine Zigeunerin so einen Jungen prophezeiht — in meinem Leben hätte ich mich nicht um Jupiter bekümmert.

Selbert. Aber wie schnell geht der Mensch zu Werke! Ach Wanner —

Wanner. Wer schnell geht, kommt weit.

Selbert. Wer weit kommt, hat oft nicht so viel, als er braucht —

Wanner. Die wenigsten Menschen brauchen das was sie haben. — Nun ein ander Wort. Wie viel wird einst jedes deiner Kinder bekommen? Ich frage wegen der Vormundschaftspflicht. Wäre sie meine Tochter — ich fragte nicht.

Selbert. Fritz hat studiert — kostet sehr viel; Peter sehr wenig. Also bekommt Peter den

Landhaushalt, wie er da ist, Fritz noch eine vollständige Einrichtung — meine beiden Töchter das baare Geld.

Wanner. Das gefällt mir nicht.

Selbert. Ueberlege es — Es ist gerecht, dem Bedürfniß unserer Zeiten angemessen. Ein Knabe, der keine Erbschaft vor sich sieht, weiß, daß er erwerben lernen muß — und wird dann ein gemachter Mann. Ein Mädchen ohne Vermögen — ein Mädchen unsres Standes, hat traurige Aussichten.

Wanner. So war er, so ist er noch! Auf der Universität ging er Chapeaubas; als Vater — macht er ein galantes Testament.

Selbert. Sey nicht ungerecht —

Wanner. Davon ist die Rede. Ein Weib — hm — ein Weib ist doch nur — hm —

Selbert faßt ihn auf die Schulter. Was?

Wanner. Der Mann kann doch rathen und reiten! Was kann das Weib? — Kochen.

Selbert. Freund — das Weib vermag viel — leidet viel — thut viel.

Wanner. Nun gut. Dafür behandeln wir sie auch wie andre Menschen.

Selbert. Wanner — hättest du je den Trost der Weiblichkeit gekannt — empfändest du die Wonne, die ich empfinde, wenn im Gefühl ihrer Pflichten, in der Gewißheit, daß es als Vorrecht dem Weibe gegeben ward, Männerleiden zu mildern — meine alte Mutter geschäftig um mich ist — — sieh, du würdest weinen, daß du keine Freuden hast, als die Kapriolen deines Jupiters! —

Wanner. Das war grob! —

Selbert. Wanner —

Wanner. Denn es mag wahr seyn —

Selbert. Ehrlicher, trefflicher Mann!

Pause.

Wanner. Das Mitgabe-Wesen ist System bey dir?

Selbert. System.

Wanner. Ein gescheidter Kerl ändert kein System. — Hast Recht. Ein ehrlicher Mann geht nicht von seiner Pflicht. Habe ich Recht?

Selbert. Ja.

Wanner. Consequenter darf ich meine Mündel dem nicht geben — der nichts hat.

Selbert. Dem darf ich nicht widersprechen.

Wanner. — Es ist ärgerlich!

Selbert. Wir haben beide Recht.

Wanner. Es ist dumm! Geht.

Selbert. Wo willst du hin?

Wanner. Mich ärgern.

Selbert. Wanner — ich bin betrübt.

Wanner. Das hilft mir nichts.

Selbert. Es beweißt meinen innern Kampf — und daß dein Mißvergnügen mir nahe geht.

Wanner giebt ihm abwärts die Hand. Bist ein guter Kerl — —

Selbert gerührt. Bruder —

Wanner. Hab' dich doch lieb.

Selbert. Gott lohne dirs!

Wanner. Hast aber ein Narrensystem —

Selbert. Bedenke —

Wanner. Und kriegst meine Mündel nicht. Geht.

Selbert. Wo gehst du hin?

Wanner halb gedreht. Meine Alte soll mir die Grillen vertreiben.

Selbert. Deine Alte?

Wanner auffahrend. Jupiter! Er geht ab.

Selbert. Guter — lieber Mann! — Es schien so ganz dein Lieblingswunsch zu seyn!

Elfter Auftritt.

Selbert. Fritz.

Fritz. Wanner ist weg, ich wünsche mit Ihnen zu reden, mein Vater.

Selbert. Du wünschest es spät.

Fritz. Vorher hatte ich nichts zu sagen.

Selbert. Du bist nicht mit Vergnügen zurück gekommen.

Fritz. Und ich wollte um Verzeihung bitten,

daß ich Anfangs fast kindisch war, so hat mich alles erfreut. Vielleicht besteht der fröhliche Rausch eines andern in Thränen, meiner in Lachen.

Selbert. Hassest du Thränen?

Fritz. An andern nicht.

Selbert. Deine Thränen —

Fritz. Meine — fürchte ich.

Selbert. Deine Großmutter hast du mit einem Bon jour bewillkommt —

Fritz schlägt sich an die Stirne. Das war abgeschmackt; verzeihen Sie mir es. —

Selbert. Deine Schwester hat dir Manschetten genäht —

Fritz. Ich bin sehr unzufrieden damit. Ich finde das Kind sehr zurück in seinen Arbeiten.

Selbert. Du bist fremd gegen Petern —

Fritz. Fremd? — Ich liebe ihn. Aber was kann man viel mit ihm reden?

Selbert. Marie —

Fritz. Marie gefällt mir nicht. Sie ist unleidlich empfindsam.

Selbert. Siehst du denn nur die Fehler deiner Geschwister?

Fritz. Ihr Gutes kenne ich lange. Es ist billig, daß ich sie auf ihre Fehler aufmerksam mache.

Selbert. Das hast du nun gethan.

Fritz. Finden Sie das nicht billig?

Selbert. Im ersten Augenblicke —

Fritz. Ich schiebe nichts auf.

Selbert. Erschwert das nicht die Billigkeit? — Zudem — so ganz strenge Billigkeit ertragen wenig Menschen.

Fritz. Desto schlimmer!

Selbert. Wer alles unfehlbar genau richten will, wird leicht kalt.

Fritz. Je kälter, je wahrer!

Selbert. Wer kalt ist, den beleidigt Wärme — er verspottet endlich, was er nicht hat.

Fritz. Ich bin nicht eigenliebig.

Selbert. Deiner bewußt —

Fritz. Muß ich seyn.

Selbert. Diese Gränzen verlieren sich in einander. Sieh, dein System ist in Feuer geschaffen. — Ist das verraucht — so tritt Eigensinn an seine Stelle — Festigkeit mit Härte. Fritz — dein Weg gefällt mir nicht: werde sanfter. Wenn du auch einmal weich wirst — du bist kein Staatsmann, dem es Gefahr bringen könnte — die Deinen hängen um so fester an dir! Gieb nach — man muß nachgeben.

Fritz. Niemals, niemals!

Selbert. Fritz!

Fritz. Wenn man vorher überzeugt ist.

Selbert. Nun — dein System kann Gutes haben — aber —

Fritz. Gutes! Das ist genug. An das Aber — was nach dem Guten kommt, muß man nicht denken.

Selbert. Bey diesen Grundsätzen — was willst du werden?

Fritz. Je mehr, je lieber.

Selbert. So stolz?

Fritz. Ich kann viel; warum soll ich nicht viel wollen?

Selbert. Wie denkst du das zu erreichen?

Fritz. Dazu leite mich Ihre Erfahrung —

Selbert. Davon hernach.

Fritz. Bald —

Selbert. Du bist schnell.

Fritz. Geradsinn sieht auf den ersten Blick, wie die Sache liegt. Das ewige Abwägen entnervt Entschluß und That.

Selbert. Liebst du Amalien?

Fritz. Nein. Aber sie gefällt mir; ihr Ruf ist gut, sie ist meines Standes, hat Vermögen, Verstand — und je früher ich mich bestimme, um so weniger Thorheit kann ich begehen.

Selbert. Du weißt, Kapitale erbst du nicht —

Fritz. Lassen Sie uns auf einen Dienst denken, den ich ihr entgegen bringen kann.

Selbert. Denken! — Bekommt man alles, woran man denkt und wonach man strebt?

Fritz. Vieles davon. Ich werde viel werden in diesem Lande —

Selbert. Du sprichst davon mit einer Sicherheit, die —

Fritz. Ich habe den Muth, das zu wollen und zu verlangen, was ich vermag: die meisten Menschen erschrecken vor dem, was sie in sich finden, erwerben nur, wo sie herrschen könnten — schlummern, bis sie ganz einschlafen. Pfui!

Selbert. Fritz, bin ich dir dadurch gleichgültig geworden — daß ich dich keine Kapitale erben lasse?

Fritz küßt seine Hand. Das war weise und väterlich von Ihnen gehandelt; daher kommt es, daß ich gearbeitet habe.

Selbert. Liebst du mich?

Fritz. Ja.

Selbert. Ja — nur Ja? Ach Fritz —

Fritz. Ich halte etwas auf mein Ja.

Selbert. Ich halte so viel auf dich —

Fritz. Sie sind ein zärtlicher Vater.

Selbert. Wenn nun mein Grundsatz — dich um Amalien bringen soll — wie dann?

Fritz. Schicksal! Ihr Grundsatz bleibt gut.

Selbert. Damit bist du beruhigt?

Fritz. Ja.

Selbert. Gut — trefflich! — Manches — vieles an dir freut mich. Nur — — ach wäre nur etwas mehr Liebe für uns in dir!

Fritz. Ich fürchte die Gemüthsbewegungen.

Selbert. Hättest du von deiner Geburt an mir deren keine gekostet, oder hätte ich sie gescheut?

Fritz. Darum können Sie Dankbarkeit fordern, und sind ihrer gewiß, weil ich gerecht bin. Liebe widme ich Ihnen persönlich.

Selbert. Mir persönlich — und nur mir? Jetzt habe ich dich — oder eigentlicher, jetzt weiß ich, warum ich meinen Sohn nicht habe. Es ist etwas in dir — worüber dein Kopf und dein Herz im Streite sind —

Fritz seufzt. Es war —

Selbert. Deine Plane sind zu hoch — deine Familie zu klein. Darum entwirfst du gleich einen Weg, auf dem die Familie dir nicht lästig werden kann.

Fritz. Mein Vater!

Selbert. Ich habe keines meiner Kinder vorgezogen — keines meiner Kinder soll mich seinen Geschwistern vorziehn.

Zwölfter Auftritt.

Vorige. Peter.

Selbert. Was willst du, Peter?

Peter. Mit dem Vater reden, wenn Fritz weg ist.

Selbert. Sieh Fritz — so scheuchst du alle weg, weil nichts Vertrauliches in dir ist.

Fritz. Gut bin ich; wie kann ich gerecht seyn, wenn jeder meine Empfindungen spielen lassen kann, wer nur will?

Selbert. Du entbehrst viel Gutes.

Fritz. Bis ich gekannt bin — dann werden sie alle ihre Leiden, Zweifel, Freuden und Hoffnungen bey mir niederlegen.

Selbert. Das ist Herrschsucht.

Fritz. Charakter. Meine Lebensruhe kann ich nicht dem wohlthätigen Spiel schöner Augenblicke opfern.

Selbert. Und doch konntest du schöne Augenblicke dem Vergnügen opfern? unser erstes Wiedersehen der Jagd? — Du verstehst mich nicht. Aber, wenn du einst Vater seyn, und aus dem Lallen deines Kindes eine Sprache der Liebe zusammen suchen willst, dann wirst du begreifen, daß der sich an der Natur versündigt, der die süßen Spiele des Herzens wegklügeln will — und wirst dieser Unterredung denken. Laß uns.

Fritz geht ab.

Dreizehnter Auftritt.

Selbert. Peter.

Peter. Vater — Bruder Fritzens Pferd geht einen stolzen Schritt. Da kann ich nicht mit auskommen; ich lasse meinen Gaul gehen, wie er kann.

Selbert. Wir empfinden nicht alle gleich —

Peter. Weiß wohl! Er ist ein anderer Kerl geworden als ich. Wenn er mich darum nur gern behalten will!

Selbert. Er liebt dich.

Peter. Ich wüßte auch nicht, warum er das nicht wollte. — Nun, Vater, sag einmal, was soll aus mir werden?

Selbert. Aus dir? Willst du nicht den Landhaushalt fortführen, wie ich?

Peter. Wahrlich, das will ich, und danke dir, daß du mich so gestellt hast. Dann gewinne ich mein Brot der Erde ab, und bedarf keine Weltkünste dazu.

Selbert. Du bist also zufrieden?

Peter. Zufrieden — aber nicht vergnügt.

Selbert. Warum?

Peter. Weil ich allein vergnügt seyn muß.

Selbert. Allein? — Bin ich, sind wir alle dir —

Peter. Ja — du hast mich und uns alle. Doch bist du allein, denn meine gute Mutter fehlt dir.

Selbert. O mein Sohn!

Peter. Nimms nicht übel, daß ich dich jetzt darauf bringe. Allein —

Selbert. Nicht doch. Du wünschest dich also zu verheirathen?

Peter. Ja! Jetzt wüßte ich eine gute Gelegenheit, wenn dir es recht wäre.

Selbert. So?

Peter. Eine Frau, die sich auch für den Vater zur Gesellschaft schickte; denn darauf habe ich immer gedacht. Hier ist so keine. Einmal meinte ich wohl, Sophie Gruner — aber das ist doch nichts.

Selbert. Warum? Die wäre —

Peter. Nein, Vater, die ist nicht einmal so gescheidt wie ich. Bey der würde ich mir am Ende was herausgenommen haben. — Des alten Herrn seine Nichte gefällt mir wohl.

Selbert. Amalie?

Peter. Sie ist viel mehr als ich. Aber sie hätte ja wohl Geduld mit mir, weil ichs gut meine. Die kann dir in den Winterabenden vorlesen, der Großmutter — würde sie Sorgen abnehmen, und wenn du Kopfweh hast, würde sie neben deinem Sorgestuhl bleiben, und ihre liebe Hand auf deine heiße Stirne legen.

Selbert. Guter Junge — Amalie gefällt dir?

Peter. Es ist wohl viel mehr als Gefallen. Ich weiß nicht, wie ich es nennen soll. Wenn ich bey ihr bin, kann ich viel reden — und wenn ich sie nicht sehe, ist mir die Brust — wie zu.

Selbert. Hast du ihr gesagt —

Peter. Nichts. Nichts auf der Welt. Aber ich meine, ich wäre ihr nicht zuwider.

Selbert. Hast du ihrem Onkel etwas gesagt?

Peter. Nein. Ich möchte ihm wohl gefallen, ich rede denn allerley mit ihm; aber er sieht mich nicht an, und nennt mich Er! Nun — was meinst du von mir und Amalien?

Selbert. Erstens ist Amalie reich —

Peter. Daß Gott erbarme —

Selbert. Und du bist es nicht. Dann hat ihr Onkel sie für Fritzen bestimmt.

Peter. Hat Fritz sie so lieb, als ich?

Selbert. Vielleicht nicht. Allein —

Peter. Nun, dann kommt es noch auf Amalien an. — Wenn sie mich lieber hat als ihn, so sagt sie es gewiß.

Selbert. Wolltest du deines Bruders Glück stören.

Peter. Dem Bruder macht das nichts, der will ja so nichts lieb haben; dem ist das, als wenn er eine Spatzierfahrt abbestellte.

Selbert. Und der Onkel, der sie ihm —

Peter. Der Bruder ist ja nicht reicher als ich.

Selbert. Darum will sie auch der Onkel dem Bruder nicht geben. Es thut mir leid, guter Peter, daraus kann wohl nichts werden. Sag daher weder dem Onkel, noch Amalien was davon. — Du weinst, armer Junge —

Peter weinend. Nimms nicht übel. Ich kanns nicht lassen. Alle Leute begegnen mir nicht gut, weil ich nicht so geschickt bin wie Fritz. Die ist die erste, die gesagt hat, ich wäre gut, wenn ich auch nicht Fritz wäre.

Selbert. Nun wir wollen sehen — aber sage niemand etwas davon.

Peter sich die Augen trocknend. Höre, ich will auch den Onkel fangen.

Selbert. Wie denn?

Peter. Die beste Milch, und den Kuchen, den mir die Kranzjungfern geschenkt haben — will ich seinem Jupiter bringen — der doch eigentlich ein recht arglistiges Thier ist.

Selbert lächelt. Das kann nicht schaden.

Peter. Soll mir es nicht helfen — je nun — wer weiß — so hilft es doch meinem Bruder wohl zu einem freundlichen Gesichte. Er will gehen.

Vierzehnter Auftritt.

Vorige. Frau Saaler.

Fr. Saaler. Bleib da, Peter. Herr Sohn, da ist mir heute so dieß und das in die Augen gefallen —

Peter grämlich. Mir auch.

Fr. Saaler. Was Sie nicht vermuthen werden.

Funfzehnter Auftritt.

Vorige. Ernestine.

Ernestine. Mamsell Amalie läßt den Vater bitten, herunter zu kommen. Sie meint nicht, daß die Leute in der Scheuer tanzen sollten, der Platz unter der Linde, sagt sie, wäre besser. Sie möchte mit ihm davon reden — Sie ist gar zu gut.

Peter. Ja wohl.

Ernestine. Und alles versteht sie, wie es gemacht wird: Flachs — Aussaat, Einmachen, Kochen —

Selbert. Da sie in der Stadt erzogen ist, so ist dieß —

Peter. Als wenns wohl so gemeint gewesen

wäre, daß sie es einmal auf dem Lande brauchen könnte.

Fr. Saaler nimmt Selberten auf die Seite. Herr Sohn — Sie merken doch, wo das Unglückskind hinaus will?

Selbert. Er hat mir —

Peter. Ja, verklage mich nicht. Der Vater weiß schon alles.

Selbert. Seyn Sie ruhig. Es wird sich geben. Peter — ich kann mich auf dich verlassen?

Peter. In Noth und Tod — aber wegen ihr — nun — ich soll sie wohl nicht nennen, wegen der Großmutter — da muthe mir nicht zu viel zu. Was ich nicht tragen kann, lasse ich fallen.

Selbert. Keinen Schritt ohne mich. Er geht mit Ernestinen ab.

Sechzehnter Auftritt.

Frau Saaler. Peter.

Fr. Saaler. Höre, mein lieber Peter, sey du so gut, und sieh der fremden Mamsell nicht mehr so in die Augen. Es möchte dir sonst zu viel werden.

Peter. Du hast Recht, Großmutter, denn ich habe schon genug.

Fr. Saaler. So? Nun, damit du kein Aergerniß nimmst — so komm auf meine Stube, und hilf mir die Ausgaben von heute Morgen zusammen rechnen.

Peter. Willst du die Mamsell dazu nehmen, so wirst du sehen, daß es gleich geschwinder geht.

Fr. Saaler schlägt die Hände zusammen. Das fehlte mir noch!

Peter geht an die Seite.

Fr. Saaler. Drey und zwanzig Jahre ist der Mensch alt, und — Du Unchrist! Für sich. Ich glaube, der kann das Einmal Eins nicht mehr. Rasch zu ihm: Wie viel ist zweymal drey und zwanzig?

Peter der in Gedanken war. Amalie! —

Fr. Saaler. Da haben wirs! — Der eine stolziert sich albern, die andere heult sich dumm — der dritte gafft sich unklug! Warum? Ein tausend sieben hundert und neun und neunzig! Sie brummt fort.

Peter lächelt in sich. Das sagt die Großmutter nur so! Ein tausend sechs hundert und neun und neunzig haben sie sich auch in die Augen gesehen, und Ein tausend acht hundert und neun und neunzig werden sie es wohl auch nicht abkommen lassen. Er geht mit einem behaglichen, aber nicht lauten Lächeln ab.

Vierter Aufzug.

Erster Auftritt.

Marie. Peter.

Peter. Hättest du mir das früher gesagt! —

Marie. Du konntest mir doch nicht helfen —

Peter. Amalie —

Marie. Folgt mir überall, fragt mich, läßt mir keine Ruhe.

Peter. Weil sie es gut meint.

Marie. Und täuschte mich doch!

Peter. Unter den beiden gleicht Herr von Lechner eher einem Lügner, als Amalie.

Marie. Da er bei dem Vater um mich anhalten will — kann ich noch zweifeln?

Peter. Mir gefällt er doch nicht —

Marie. Bruder!

Peter. Und ich freue mich nicht ein bischen auf den gnädigen Schwager.

Marie. Auch du bist gegen mich? Auch du?

Peter. Wenn du nur dem Vater was davon

gesagt hättest! — Verrathen will ich dich nicht — aber nun ich es weiß, kann ich doch dem Vater nicht recht ins Gesicht sehen.

Marie. Du demüthigst mich sehr tief!

Peter. Das will ich nicht, denn es geht dir übel, sonst hätte ich dir auch längst die Meinung gesagt. Aber jetzt dauerst du mich.

Marie. Habe Dank. Ach! du warst ja immer so gut mit mir. Gott lasse dich doch recht glücklich werden!

Peter. Je nun, es wird schon kommen.

Marie. Ach — wenn ich der Zeiten denke, in unserer Kindheit — wo wir so glücklich waren!

Peter. Ich bins noch, und du kannst es wieder werden. Wenn dich aber der Kerl zum besten hat, und dem Vater Verdruß macht — so breche ich ihm die Arme entzwey.

Marie. Bruder — um Gottes willen.

Peter. Ich kanns — ich bin stark. Dann soll er mir nur nicht etwa mit seinem Degen kommen; du sollst sehen, daß ich ihn in Stücken breche.

Zweyter Auftritt.

Vorige. Amalie.

Amalie. Sie weichen mir vergebens aus. Es betrifft ihr Glück, und ich bin entschlossen, deutliche Antwort von Ihnen zu haben.

Peter. Ja, rede —

Amalie. Er muß Ihnen etwas Nachtheiliges von mir gesagt haben. Nicht?

Peter. Ich glaube, ja.

Amalie. Seyn Sie aufrichtig. Ihr Schicksal geht mir zu Herzen.

Marie. Er — — Nein, alles, nur das fordern Sie nicht von mir.

Amalie. Wie Sie mich vorhin halb ahnden ließen — mag er gesagt haben — meine Leidenschaft habe ihn verfolgt? — Sie schweigen? Also das war es? Abscheulich!

Marie. Und er wollte vor Ihnen sich rechtfertigen —

Amalie. Hätten Sie ihn gebracht! Zwar — was wagt ein Bösewicht der Art nicht? Mein Onkel weiß nicht, daß ich jemals Leidenschaft für ihn hatte — je älter dieß Geheimniß wird, je mehr wünsche ich ihn in dem Traume zu erhalten, daß ich vor ihm nie Geheimniß hatte. Darauf würde er getrotzt haben, und wer weiß, was er im Stande gewesen seyn würde, mir vor Ihnen zu sagen!

Peter. Es ist also kein gut Haar an ihm; laß ihn laufen.

Amalie. Ich kenne Unglückliche, denen er Jahre lang alle Aufmerksamkeit des Liebhabers, und alle Herzlichkeiten des versprochenen Bräutigams erzeigt hat — die endlich in Verzweiflung geriethen, und —

Peter. Schwester, laß mich hin. Du liebst ihn nun einmal, er hat versprochen, dich zur Frau zu fordern, ich will ihn fragen, ob er mit zum Vater gehen will. Thut er's nicht — so werfe ich ihn gleich zum Fenster hinaus!

Marie. Du quälst mich, lieber Bruder —

Peter. Und du wirst den Vater quälen! Sehen Sie — daran sind die Bücher Schuld, wo die Mädchen immer Huldgöttinnen darin genannt werden. Hernach ist ihnen ein schlichter Kerl, der an einem Sonntag Nachmittage gebührend um sie anhält, nicht genug. Da soll es erst Unglück geben, und ein paar Fieber, und der Vater soll sich erst zu Tode weinen — und sich am Ende noch bedanken.

Amalie umarmt Marien. Schonen Sie Ihre Schwester.

Peter. Daß sie ihn lieb hat, kann ich begreifen. Hübsch ist er, Kleider thun auch viel, die zierlichen Worte fehlen ihm nicht., und krank und toll gebehrdet, wie es die Mädchen gerne haben — wird er sich auch genug haben. Aber gleich, wie sie aus der Stadt hierher gekommen ist, hätte sie sagen sollen — „Vater, da habe ich den Herrn von Lechner gesehen, der gefällt mir, ich ihm — wie stellen wir es an, daß das in Ordnung kommt? daß sie das nicht gethan hat, das ist abscheulich von ihr.

Amalie. Herr Selbert, sehen Sie doch, sie ist —

Peter. Der Vater hat uns immer alles gesagt, was er thut, und warum er es thut; er hat wenig Freuden gehabt, uns hat er aber alles gegeben. Denken Sie nur — da wir noch ganz klein waren, sind wir oft mit ihm gegangen, und haben Vogelnester gesucht, davon wir die Jungen aufzogen. Da hat sie einmal eins gefordert — das war hoch oben im Baume. Sie ist immer um den Baum gehüpft, und hat eine rechte Sehnsucht darnach gehabt. Der Vater sah lange hinan — endlich stieg er hinauf — hoch, daß er ganz klein wurde. Wie er oben war — brach unter ihm ein Ast — er rutschte — ach Gott! — Zur Erde warf ich mich — die Augen zu — heulte in den Boden, und grub in der Angst meine Finger tief in die Erde — sie winselte erbärmlich. Da war er aber hängen geblieben, und kam noch glücklich herunter. Er brachte ihr das Vogelnest; ganz blutig war er am Backen — die Narbe hat er noch auf der linken Seite. „Tochter," sprach er — „Peter" — und nahm uns an seine Brust — „Kinder, ich will immer thun, was ich kann, eure Wünsche zu befriedigen — seyd nur immer vertraulich und aufrichtig!“ Da hingen wir an ihm und versprachen es, und schluchzten, umfaßten seine Knie so fest, und dankten Gott, daß er ganz herabgekommen war. Ich habe auch dem Vater von jeher alles gesagt, und würde es ihm sagen, wenn ich auch einen Mord begangen hätte, das würde ich! Du hast es auch gewollt — ja du hast schön Wort gehalten!

Marie. Lassen Sie ihn, er hat Recht! Ich kann nicht mehr glücklich werden. Mein Vater ist — ach Sie kennen ihn noch nicht, was er von jeher für uns gethan hat! Nein, ich kann nicht mehr glücklich werden!

Peter. Das will ich nicht sagen —

Amalie. Liebes Mädchen, wenn Lechner Ihr Gatte werden will, wenn die Unschuld Ihrer Seele, Ihr edles Herz ihn gerührt, gebessert haben, wenn der Entschluß, Ihre Hand vom Vater zu begehren, die erste That dieser Besserung seyn sollte — so wird er gern eilen, diese That zu vollenden. Dazu vermögen Sie ihn —

Peter. So sehen wir, ob er ein rechtschaffener Mensch ist, und dann will ich ihm auch gut werden. Geh hin, thu das! (Marie umarmt ihn.) Geh — schreib ihm — oder sag' es!

Marie. Bruder!

Peter. Was ist dir? die Thränen stoßen dir das Herz ab.

Marie. Daß ich die Narbe unseres Vaters vergessen konnte! — Wenn alle mich verachten, bleibe du mir nur.

Peter gerührt. Ja doch, ja —

Marie. Es könnte seyn — wir sähen uns nicht lange mehr. Sie geht ab.

Dritter Auftritt.

Amalie. Peter.

Peter. Sehen Sie, das kommt von den Büchern. Statt daß man gut machen sollte, will man aus Hochmuth lieber sterben, als gut machen! Die Großmutter hat wahrlich Recht.

Amalie. Wie so?

Peter. So wie so ein Thränenbuch ins Haus kommt, steckt sie es unter den Gemüsetopf und sagt: — Da, das ist die einzige Art, wie du nutzen kannst.

Amalie. Lieber Herr Selbert —

Peter. Das ist nun schon das zweytemal, daß Sie mich so nennen — es muß also doch wohl so seyn. Gott lohne es Ihnen!

Amalie. Da ich Sie so reden höre — denke ich eben, daß man sich Unschuld der Seele und der Sitten bis in das hohe Alter erhalten kann, und das wünsche ich Ihnen.

Peter. Ich danke Ihnen. Küßt ihre Hand. Gott gebe es!

Vierter Auftritt.

Vorige. Wanner.

Wanner. Pst! Hm — du! Chevalier, was war das?

Peter. Was?

Wanner. Das! Er küßt selbst seine Hand.

Peter. Wars nicht recht.

Wanner. So was geschieht in Städten beym Kommen und Gehen. Aber —

Peter. Nun, ich komme.

Wanner. Eben?

Peter zu Amalien. Wars schon lange?

Amalie. Ich dächte nicht.

Wanner. Freund, du bist lebendig geworden, aber die Augen hier haben für dich Fensterladen.

Peter. Haha. Sie sind aber offen —

Amalie. Herr Selbert mag sich selbst vertheidigen.

Wanner. Pack dich, Ritter! —

Peter. Warum? Ich könnte Ihnen auch mancherlei erzählen.

Wanner. Du? — Ja — vom Pflügen, Egen, Heumachen, Pflanzen —

Peter. Nun ja. Und wenn Sie dafür keinen Respekt hätten, so müßte ich mich in Ihrem Gesichte irren, das sehr verständig und sehr gut aussieht.

Wanner sieht hoch auf. So? Mensch, du siehst mir aus, als hättest du Herz?

Peter. Hahahaha. Das war eine kuriose Frage —

Wanner. Warum kurios?

Peter. Weil sie gar nicht aus dem folgt, was ich gesagt habe.

Wanner. Liest du viel, Bursche?

Peter. Wenig: aber ich frage viel. Der Vater sagt: Erfahrung wäre das beste Buch, daraus spräche der gemeinste Mensch, was man in wenig Büchern fände;" und ich denke, der Vater hat Recht.

Wanner. Gieb mir deine Hand.

Peter. Recht gern. Giebt sie ihm. Gott erhalte Sie —

Wanner. Ich danke.

Peter. Lange.

Wanner. Hm.

Peter. Und froh!

Wanner. Das war ein Wort! Weißt du, warum ich dir die Hand gebe?

Peter. Ich weiß nicht, aber es freut mich.

Wanner schüttelt sie. Ich habe dir Unrecht gethan

Peter. So?

Wanner. Ich hielt dich für einen Dummkopf.

Peter. Das passirt mehr Leuten.

Wanner. Du bist kein Dummkopf —

Peter. Nicht wahr, es geht noch an?

Wanner. Und ein seelenguter Kerl. *Schlägt ihn auf die Schulter.* Jetzt marschire — hole mir deinen Bruder.

Peter. Also gefalle ich Ihnen? *Wanner nickt mit dem Kopfe.* Viktoria! Herr Onkel, meine Vierzehn stehen. Lassen Sie mich den Bruder nicht abwerfen! *Er geht fröhlich ab.*

Fünfter Auftritt.

Amalie. Wanner.

Wanner. Ein artiger Bursche.

Amalie. Er ist gut —

Wanner. Hübsch!

Amalie. Er hat viel natürlichen Verstand —

Wanner. Wie gefällt dir Fritz?

Amalie. Er weiß viel.

Wanner. Hat Welt.

Amalie. Er redet gut.

Wanner. Er ist ein gemachter Mann.

Amalie *seufzt.* Ach ja.

Wanner. Du kriegst ihn doch nicht. Er hat nichts, also darf ich nicht zuschlagen.

Amalie. Das sollte nicht gegen ihn entscheiden. Aber sonst —

Wanner. Steht er dir an?

Amalie. Es ist ein artiger Mann. Ich folge Ihnen, da ich überzeugt bin, daß eine Heirath ohne Leidenschaft —

Wanner. Und so weiter. Du hängst dein Haupt, Lilie?

Amalie. Da Ihnen eine Verbindung mit dem Sohne Ihres alten Freundes so sehr am Herzen liegt: so betrübt es mich, daß —

Wanner. Und so weiter. Morgen früh ziehen wir wieder ab.

Amalie erschrocken. Morgen schon?

Wanner. Es ist ja alles aus.

Amalie verlegen. Viel — — hm —

Wanner schnell. Was?

Amalie. Haben Sie mich nicht erschreckt!

Wanner. Nun? warum will die andre Sylbe nicht heraus? Viel — nun — leicht? Vielleicht? Mädchen, es ist ein Vielleicht in deiner Seele, und ich habe es ausgekundschaftet!

Amalie. Was meinen Sie?

Wanner. Das — bis zum nächsten Verhör.

Amalie. Aber wie können —

Wanner. Das erfahren? Kind, wenn die

Vorübergehenden nicht sehen sollen, was in deinem Zimmer vorgeht, fährt mit der Hand über ihre Augen. so mache hübsch die Fensterladen zu. Inquisitin wird hiermit die Defension abgesprochen.

Amalie. Onkel — desto großmüthiger wird das Urtheil fallen! Sie geht ab.

Sechster Auftritt.

Fritz. Wanner.

Fritz. Sie gehen, wegen —

Wanner. Bösen Gewissens. — Hören Sie, junger Mann, wegen der Werbung. Ihr Vater giebt nichts zu kleiner Montirung; also sieht es aus, als ob aus dem Handel nichts würde. — Fritz zuckt die Achseln. Ueber den Vater?

Fritz. Behüte!

Wanner. Uebers Schicksal?

Fritz. Ja.

Wanner. So geht mirs just auch. — Mir liegt die Sache gewaltsam am Herzen. Ihnen?

Fritz. Ich wünsche sie.

Wanner. Aufrichtig?

Fritz. Ich spreche nie anders, als ich denke.

Wanner. Und Flammenröthe zu der Versich.

rung? Brav, Fritz — brav! Also ohne Leidenschaft? Gut — so wünsche ich Sie.

Fritz. Ich bin nicht ohne Leidenschaft.

Wanner. Aber doch ohne Liebe?

Fritz. Ich hoffe.

Wanner. Kann man nichts Zuverlässigeres erfahren?

Fritz. Ich habe geliebt, und arbeite daran das zu vergessen.

Wanner. Pst — halt, Freund! Da käme meine Nichte denn doch wohl übel an!

Fritz. Wenn ich auf die Frage, ob ich Freude und Leid mit Amalien theilen will, mein Ja gebe, so giebt es ein Mann.

Wanner. Also — Amalie gefällt Ihnen?

Fritz. Ganz!

Wanner. Wen lieben Sie — oder wen haben Sie geliebt?

Fritz. Eine Zimmermannstochter auf der Universität.

Wanner. Was Guckuck! — wirklich geliebt?

Fritz bewegt. Herzlich!

Wanner. Hatte diese Liebe Folgen?

Fritz. — Meine Bildung.

Wanner. Eine Zimmermannstochter?

Fritz. So fragten mehrere — andere lachten — beßre riethen ab — Dieß erzeugte Aufmerksamkeit, Nachdenken — Entschluß!

Wanner. Vernünftig! Wer brach ab?

Fritz. Ich.

Wanner. Vermochten Sie es?

Fritz. Mit Mühe.

Wanner. Schwierigkeiten reitzen —

Fritz. Und lohnen.

Wanner. Ich bin mithin sicher, daß Sie sie aus keiner Laune verlassen haben?

Fritz. Sicher. Am sichersten, wenn Sie sie sehen. *Giebt ihm das Porträt.*

Wanner. Schön! — Die freye Stirne — in den Augenbraunen liegt viel Charakter — ein niedlicher kleiner Mund — und Augen — Sind sie nicht geschmeichelt?

Fritz. Ach nein!

Wanner. So ist sie hübscher als Amalie.

Fritz. Ja, und eben so gut und natürlich. Amalie hat das vor ihr voraus — daß sie eine Erziehung auf großem Fuß gehabt, und dennoch gut und natürlich geblieben ist. Amaliens Verstand kann schlafende Kräfte erwecken.

Wanner. Das ist wahr.

Fritz. Und selten.

Wanner *giebt ihm das Porträt.* Es ist viel, daß Sie sie verlassen haben.

Fritz. Es hat gekostet. Aber es hätte mir Bahn, Glück und Möglichkeit zu handeln verschlossen. — Ich fühlte das — sie fühlte es — und wir setzten durch!

Wanner. Wie tröstet sie sich?

Fritz. Daran mag ich nicht denken.

Wanner. Aber wenn Sie nun daran denken?

Fritz. Daß das größere Gute das geringere Uebel fordert.

Wanner. Noch eine Frage —

Fritz. Recht. Setzen Sie Ihre Nichte sicher.

Wanner. Was ist Ihnen das größere Gute? Wird es Sie auch immer erwärmen und lohnen?

Fritz. Wirksamkeit! Wirksamkeit im großen Kreise, wo alles schläft, wo noch viel geschehen kann — wo ich viel thun will. Daran hindert ein gewöhnliches Weib: sie reißt den Mann herab in ihren geringern Ideengang; und der Mann, der sich zu etwas besonders bestimmt fühlt, muß sich nicht und durch nichts daran hindern lassen. Opfer seiner Leidenschaft ist die Urkunde seiner Selbstständigkeit.

Wanner. Das ist mein Glaube. Ich bin mit dir zufrieden, Sohn! Sohn mußt du mir werden; wie du es wirst, weiß ich noch nicht. Ob ich schwach genug bin, durch Bitten bey deinem Vater — oder Negotieren bey des Mädchens Anverwandten — das wollen wir sehen: aber werden muß es. — Weiß dein Vater von der —

Fritz. Nein, und ich —

Wanner. Gut, gut. Wir geben der Zimmermannstochter ein Kapitälchen —

Fritz. Sie ist nicht von der Art.

Wanner. So sorgt die Vorsicht für ihr Herz.

Fritz. Das hoffe ich Seufzt. Sagen Sie nur meinem Vater nichts. Er würde mit mir davon reden —

Wanner. Fürchtest du zu reden?

Fritz. Nein, aber meines Vaters Kummer —

Wanner gerührt So ists recht!

Fritz. Und Recht — bringt Segen. Giebt ihm das Porträt. Dieß — gehört künftig Amalien.

Er geht ab.

Siebenter Auftritt.

Selbert. Wanner. Dann Ernestine.

Wanner. Sieh da, erst der Sohn — dann der Vater! Ich gehe von Hand zu Hand in der Sippschaft. — Aber ich habe heut viel gesprochen — zu trinken, Freund! Selbert klingelt einmal. Er setzt sich. Da ich von dir gegangen war, dachte ich nach, wie dem Dinge mit den Kindern abzuhelfen wäre — fand nichts, ärgerte mich — über mich und dich; sah vor mich hinaus ins Feld — auf den Boden, kriegte kleine Augen, schlief ein; Ernestine kommt, Selbert redet leise mit ihr, sie geht ab wachte auf — sah störrisch auf alle Fliegen an der Wand; marschierte mit den Augen nach, sprang auf und dachte: — „Sollen ich und mein alter Freund uns Gesichter machen, weil ein Projekt nicht geht wie es soll?" — Denn — unter uns, die meisten grämlichen Gesichter entstehen aus der Unentschlossenheit, ob man Rechts und Wohlstands wegen grämliche Gesichter machen soll oder nicht. — „Nein," springt auf, sprach ich, so laut, daß Jupiter erschrak, aufstand und sehr graziös einen beliebten Katzenbuckel machte. — Dieser Katzenbuckel gab mir das Bild: Schicke dich in die Umstände. Kannst du mit Selberten nicht vom Heirathen reden, so rede von etwas anderm, aber rede mit ihm. — Dazu bin ich nun hier. Ernestine bringt Wein, zwen Gläser, und setzt es auf ein Tischchen zwischen beide. Setz dich, alter Knabe! Setzt sich.

Selbert gleichfalls. Mit einem traurigen Gefühle, weil aus der Sache nichts --

Wanner schenkt beiden ein, nachher: Wir thun unsre Pflicht — Ursache genug lustig zu seyn. — Sieh da — da habe ich mein altes Stammbuch mitgebracht.

Selbert. Gieb! Nimmt es. Ah — sonderbar ergreift mich der Anblick,

Wanner. Nicht wahr? — da sind manche darin, die uns überlaufen haben, manche sind entschlafen — keinem steht unser beider Herz und Freundschaft nach.

Selbert hält das Buch ans Herz. Keinem!

Wanner. Du hast Wasser im Auge — gut, gut — das ist die Ahnenprobe unsrer Freundschaft! Selbert blättert darin. Hier und da ist wohl eine Thräne auf ehrlicher Bursche Symbolum gefallen — Weißt du — beym Abschied, wenn die Collegia gepackt — die Laus Deo bezahlt waren, und so ein Trupp Freunde den Koffer zudrückten, die andern einschenkten — der Schwager vor der Thür zum Abschied blies — alles still wurde — sich ansah — das Blut feuriger zum Herzen trieb — die Gläser hin und her wankten — auf jedem Gesichte geschrieben stand — „Werden wir ihn auch wiedersehen?" — und dem die Wangen höher glühten — dem eine Thräne in den Wein fiel — bis, Herz an Herz — der Abschied in das laute Leben rief!

Selbert. So war auch unser Abschied —

Wanner. Wenn es dann fortging, zu Roß und zu Wagen — wo alles aus den Fenstern vale, vale nachrief — nachsah, nachwinkte — und wir durch Feld und Wald noch jubelten, bis der letzte Abschied kam — wo jeder sich halste, und dem scheidenden Bruder — ein „Geh dirs gut!" — in die mühselige Welt nachschickte! — Wenn dann endlich der Wagen mit dem blauen Gebüsche und der Abendluft in Eins schwand — fort war — wir so stumm da standen — so rief einer nach dem andern seine künftigen Freuden und Hoffnungen hervor — Leben kehrte zurück, und wir gingen fröhlich wieder heim! — Selbert, so geht es bei unserm Abschied nicht. — Wir sind auf der Welt herumgehudelt, das Alter ist da, die Zeit der Hoffnung ist vorüber — für uns ist nichts als der gegenwärtige Augenblick. — Drum gieb mir deine Hand — fest — daß — ich fühle — das Herz schlägt noch für mich! Selbert reicht sie ihm. So — nun bin ich ruhig. Schön, daß du noch lebst, alter Bursche — schön, daß wir bey einander sitzen! — Habe ich Gutes in der Welt gethan — so bin ich jetzt belohnt. — Guter Gott! — habe mehr von dir empfangen, als ich verdiene — und bin zufrieden! Zufrieden, steht auf, das ist der beste Dank, den du von deinem Geschöpfe verlangst! Setzt sich. Suche uns ein paar der besten Jungen — die es werth sind, daß wir jetzt an sie denken. Such, Alter!

Selbert blättert darin. Hier hat das Schicksal schon manches Blatt heraus gerissen!

Wanner. Ja wohl! — Genug, daß wir da sind.

Selbert liest: „Groß ist, wer das kann, was er will; wer das will, was er kann, ist weise! Von Lingen.“ — Ach mein ehrlicher Lingen! —

Wanner. Ein braver Kerl!

Selbert. Er ist gestorben, als er bey dem Brande des Hospitals die Kranken mit heraus trug — er verbrannte. Ach mein Lingen — mein sanfter, guter Lingen! —

Wanner steht auf. Selbert!

Selbert steht auf. Was?

Wanner. Nimm ein Glas! Selbert nimmt es. Er ist im Dienst der Menschheit gestorben — sein

Gedächtniß! Trinkt einige Tropfen. Genug! Läßt Selbert absetzen. Es kommen noch zwey oder drey, die es werth sind, und über ein Glas geh' ich nicht.

Selbert. Wohl. Setzt sich.

Wanner steht noch. Diese wenigen Tropfen Freudengeber — sind Blüthen in das Meer der Ewigkeit — eine leichte Welle wallt sie unsern Lieben hinüber — bis sie uns selbst bringt! Setzt sich. Weiter —

Selbert trocknet sich die Augen, liest. Estimer la vertu, c' est toujours ma maxime, voyés vous la raison pourquoi —

Wanner. Ein rechter Spitzbube! Das ist Leonard! ein Erzspitzbube! Auf der Universität Rapporteur, Memme und Praler, ein Erzschleicher! — Jetzt — Blutsauger der Bauern, Meuchelmörder ehrlicher Namen, bezahlter Büttel eines jeden, der ihn mit Titel und Couvert bezahlen mag — Lakayen-Talent, Figur und Manier! — Pereat!

Selbert. Er taugt nicht. Lebt er noch?

Wanner. Ein zwanzigjähriger Husten befördert den Tiger noch nicht hinab — Pereat die Kanaille, pereat!

Selbert. „In vino veritas! Fersen." Der gute Fersen!

Wanner. Der Vater meiner Amalie — das dritte Blatt unsers Kleeblatts, der Vater meiner Amalie, die — Fährt mich mein Herz noch einmal auf das Heirathskapitel — weg damit. — Da ist ja Dinte und Feder — hör, du sollst deine Inschrift erneuern!

Selbert. Das will ich — mit einem schmerzlich angenehmen Gefühl. Nimmt Dinte und Feder.

Wanner. Fersens Gedächtniß!

Selbert. Sein Gedächtniß!

Sie trinken.

Wanner. Höre — weiche von deinem System — nur etwas — zu unsers Fersen Gedächtniß! Kannst du nicht? — Nicht? — Nun, so sollst du auch das Nein nicht über deine Lippen bringen. — Nun erneuere — Nimmt ihm das Buch. Sieh — da stehst du. Wie oft habe ich das Blatt gelesen! — habe in meiner Krankheit von dem Blatte Abschied genommen; habe, wenn Unmuth in meinem Herzen war, das Blatt gelesen, und dann an dich geschrieben; habe dich immer treu gefunden — Dich, Freund meiner Jugend! habe dich in meinen Armen! — Nach neun und zwanzig Jahren sind wir noch einander werth, unsre Seelen sind sich treu geblieben! — Gaudeamus igitur. Fällt in seine Arme.

Selbert. Wir dürfen uns nicht mehr trennen. — Sinne nach — trennen dürfen wir uns nicht mehr! —

Wanner. Schreibe.

Selbert schreibt. Feierlich — gut und wehmüthig wird mir dabey. Nimm es — giebt es ihm. und gedenke meiner!

Wanner. Alle Jahre geh' ich einmal ganz allein

in ein einsames Zimmer, und durchlese dieß Buch; da setze ich denen ein Kreuz, die voran sind, trinke auf ihr Gedächtniß, und das Wohl der Lebenden. — Selbert, das ist eine schöne Stunde, eine lehrreiche Stunde! Da vergleiche ich den Wahlspruch eines jeden mit seinem Lebenslauf — sehe alle die Menschen — was sie thaten, wollten, erreichten, nicht erreichten — und fühle lebendig: Alles, warum wir uns herum tummeln — ist nicht der Mühe werth, daß man grämlich würde, wenn es nicht gelingen will! Gaudeamus igitur, denke ich. — Wenn wir fort sind, ist alles fort — nur das Gute nicht, das wir gethan haben — das lebt lange nach uns. So ist dieß Buch eine Wanderung auf die Gräber meiner Freunde für mich. Was ich wünsche — daß du meinem Namen ein Kreuz setzest — nicht ich deinem. Jetzt mag ich reisen, wenn ich will! — Das war der Abschied — und nun weiter keinen!

Selbert. Du reisest doch nicht? —

Wanner. Bst, bst! — Deine Kinder sind scharmante Leute. — Peter ist gesund an Leib und Seele. Fritz —

Selbert. Könnte mich beunruhigen —

Wanner. Wenn er nicht so gescheidt wäre.

Selbert. Er ist so kalt.

Wanner. Er möchte es seyn wollen und scheint es.

Selbert. Fühlt nicht für seine Familie —

Wanner. Sag' das nicht. Nur — mehr oder minder — und um das Mehr oder Minder streitet und grämt sich kein vernünftiger Mensch! Aber warum hängen Mariens Blüthen?

Selbert. Bruder — ich weiß es nicht. Sie sagt nichts, und doch ist sie aufrichtig, wie alle meine Kinder.

Wanner. Es gefällt mir nicht. Wenn aber dieser Baum leidet — so solltest du ihn doch von Ernestinen wegrücken.

Achter Auftritt.

Vorige. Marie.

Marie. Herr von Lechner — läßt — bitten, ob der Vater auf einen Augenblick auf sein Zimmer kommen wollte.

Selbert. Gleich. — Geiser ist da gewesen; hast du mit ihm gesprochen?

Marie. Ja.

Selbert. Ihm sein Glück verkündigt? —

Wanner. Welches Glück?

Selbert. Er wird ihr Mann. — Weiß er es? *Marie verneint es.* Nicht? *Marie küßt seine Hand.* Warum nicht?

Marie. Wenn Sie jetzt zurück kommen —

Selbert. Du wolltest ja — hast dich erklärt —

Marie. Wenn Sie zurück kommen —

Selbert. Marie — du verfährst nicht gut mit mir — sey billiger. Er geht ab. Marie will ihm nach.

Wanner hält sie zurück. Mamsell!

Neunter Auftritt.

Wanner. Marie.

Wanner. Marie — liebe Marie! Das klingt väterlicher. Ich habe die Jahre zum Vater, Bruderliebe zu Ihrem Vater. Seyn Sie offen. Nicht wahr, Sie wollen den — Geiser heißt er — nicht gern zum Manne?

Marie. Ich liebte ihn einst —

Wanner. Wen lieben Sie jetzt?

Marie. Ach!

Wanner. Deutlich. Noch ist es Zeit. Sonst gehen Sie zu Grunde, Ihr Vater und Geiser.

Marie. Ach mein Herr — ach —

Wanner. Geschwind, wir könnten überrascht werden.

Marie. Ich denke jetzt weniger an die Zukunft, nicht an mich und mein Glück — aber ich habe meinem Vater viel Kummer gemacht.

Wanner. Dann haben Sie Recht, wenn Sie

es tief fühlen. — Welchen Kummer haben Sie ihm gemacht?

Marie. Heimliche Liebe.

Wanner. Tochter! Das war nicht recht. — Wer ist es?

Marie. Mein Vater — ist bey ihm.

Wanner. Jetzt?

Marie. Ja.

Wanner. Also — Herr von Lechner?

Marie. Ja.

Wanner. Lechner ist es, den Sie lieben?

Marie. Wie viel leide ich schon um ihn!

Wanner. Er ist ein Taugenichts.

Marie. Auch Sie sagen das? —

Wanner. Vergessen Sie ihn.

Marie. Ach — da er —

Wanner. Seyn Sie stark; man ist es, wenn man sich nichts vorzuwerfen hat. Sie werden leiden — aber das Selbstgefühl erhebt.

Marie. Diesen Augenblick begehrt er meine Hand —

Wanner. Das ist ein andres.

Marie. Ach mein Vater —

Wanner. Dann rathe ich Ihnen Geduld.

Marie. Geduld?

Wanner. Wenn Sie einst Ihren Irrthum fühlen. Trost und Beruhigung gebe Ihnen die Ausübung Ihrer Pflichten.

Zehnter Auftritt.

Vorige. Frau Saaler.

Fr. Saaler. Sag mir um alles in der Welt, Marie — — — Ja so — der Herr ist hier — Hm — eben recht. Hält deine Vertheidigung vor ihm nicht Probe, so bist du auch keiner Schonung werth. Zweymal habe ich den Herrn von Lechner auf dein Zimmer gehen sehen —

Wanner. Nun — er mag Ursache haben —

Fr. Saaler. Dann bist du allein an sein Zimmer gegangen -- hast die Hände gerungen, die Augen getrocknet — die Thüre aufmachen wollen, bist zurück gefahren — beide Hände vors Gesicht gehalten — und bist mit lautem Schluchzen in dein Zimmer gelaufen!

Marie zitternd. Ach Herr Wanner!

Wanner. Hören Sie, liebe Frau, manchmal kommt es anders, als wir wollen — Was thut das? Die beiden Leute lieben sich. Erschrecken Sie nicht — jetzt eben begehrt sie Lechner vom Vater zur Gemahlin.

Fr. Saaler. Marie — Marie, gieb Antwort! Kannst du das nicht? Gott was soll ich erleben!

Eilfter Auftritt.

Vorige. Peter.

Peter kommt rasch zu Marien. Marie, hat er mit dem Vater gesprochen?

Marie. Bruder, um Gottes willen, was ist dir?

Peter. Hat er mit ihm gesprochen?

Wanner. Sie sind außer Sich!

Marie. Jetzt, in diesem Augen —

Peter. Was?

Fr. Saaler. Peter, was hast du vor?

Marie. Er spricht —

Peter. Und bestellt doch die Pferde vors Haus.

Wanner. Lechner?

Peter. Will doch fort.

Marie. O mein Gott!

Peter. Schickt einmal über das andre den Bedienten in den Stall, ob noch nicht gesattelt ist.

Marie. Will fort?

Peter. Treibt, daß die Pferde vorgeführt werden —

Wanner. Das dachte ich.

Peter. Ich auch: aber auch gleich dazu, daß ich ihm dafür den Hals brechen wollte. Will gehen.

{Wanner. Halten Sie —
{Marie! Bruder.

Fr. Saaler. Sagt mir — was ist nur das? —

Peter. Ein betrogenes Mädchen!

Fr. Saaler. Marie! Hätte ich gedacht —

Peter. Mutter, sag' ihr nichts. — Sieh wie sie aussieht — es mag ihr schrecklich genug zu Muthe seyn!

Zwölfter Auftritt.

Vorige. Fritz.

Peter. Aber der Kerl kommt nicht so weg!

Fritz. Wer?

Peter. Lechner!

Fritz. Weißt du davon? —

Peter. Ich lasse kein Pferd aus dem Stalle.

Fritz. Was willst du von ihm?

Peter. Bleiben soll er!

Fritz. Wozu? Was soll er —

Peter. Gut machen.

Fritz. Was —

Peter. Sieh deine Schwester an — fasse her, wie mein Herz schlägt, sieh dort Thränen und frage nicht mehr!

Fritz. Du weißt nichts; rette ihre Ehre und schweig!

Peter. Schweigen? — Und wenn ich zehnmal in einem Augenblicke sterben sollte, wollte ich nicht schweigen! Will fort.

Fritz. Bleib, rasender Mensch!

Peter. Seine Pferde sollen —

Fritz. Fort!

Peter. Bleiben!

Fritz. Fort sollen sie!

Peter. Bruder —

Fritz. Du kennst die Närr'n nicht. — Marie setzt sich, weint und bedeckt das Gesicht

Peter. Bruder! sag der Schwester kein Wort! es thut nicht gut mit uns!

Fritz. Du bist mit ihr einverstanden?

Peter. Von Jugend auf —

Fritz. Jetzt, da sie —

Peter. Leidet, will ich ihr helfen.

Fritz. Wenn du redest, hilfst du zu ihrer Schande. Sie hat sich ihm aufgedrungen.

Peter. Fritz, sag' das nicht noch einmal!

Fr. Saaler. Kinder — ach Kinder!

Wanner tritt zwischen ein. Ich kenne euch nicht mehr!

Peter. Fürwahr ich kenne den Bruder nicht mehr. Sieh — das Mädchen ist unglücklich, wir sind ihre gebornen Freunde: kannst du das vergessen, so reiche mir deine kalte Hand im Leben nie wieder.

Fritz. Sie ist nicht zu vertheidigen.

Wanner. Mäßigung, Freund —
Marie. Ach ich verdiene alles!

Peter. Zügel und Zeug zerreiße ich! Er soll nicht fort; und sollte ich mich den Pferden vor die Füße werfen, fort kommt er nicht! Laßt mich! — Rühren Sie mich nicht an — ich mache mich los. Jede Thräne, die dem Mädchen da auf das Tuch fällt — und ihre Angst — seht hin, sie kann nicht sprechen — macht mich stärker, als ihr alle seyd! *Geht.*

Fr. Saaler *umfaßt ihn.* Wo denkst du hin? Er ist —

Peter. Hochgeboren, und ich brav geboren — das soll er fühlen. *Macht sich los und geht ab.*

Fritz *will nach.*

Wanner. Halt! bleiben Sie. — Er hat Recht.

Fritz. Recht? da sie sich ihm aufgedrungen hat? Fühlst du nicht, daß ich dich liebe, da ich dir nicht mehr sage?

Fr. Saaler. Legen Sie die Sache bey; sie kostet dem armen Vater das Leben!

Wanner. Darum bleibe ich. Sonst wäre ich längst draußen. Erst müssen wir Selberten hören. Gehen Sie nicht — lassen Sie Ihren Bruder walten — auf mein Wort.

Fr. Saaler. Ach Gott nein —

Wanner. Aber stellen Sie Sich ans Fenster;

und wenn Lechner wirklich geht — und es sollte was setzen — Ihrem Bruder zu viel werden — dann ein Zeichen —

Dreyzehnter Auftritt.

Vorige. Selbert.

Selbert. Gott Lob — wieder ein Geschäft glücklich zu Stande gebracht!

Marie. Glücklich, glücklich?

Wanner nimmt seine Hand. Das freut mich.

Fr. Saaler. Wirklich glücklich, Herr Sohn?

Selbert. Ja — es ist alles abgeschlossen!

Wanner. Nun, wieder eine Sorge minder! Habe ich nun Recht, Großmutter — es giebt Freuden genug im Leben: wer sie nicht oben auf seyn läßt — ist ein Thor.

Marie. So darf ich mich freuen, Vater?

Selbert. Ja, meine gute Marie! aber nun hoffe ich auch von dir —

Marie. Alles! — Ach darf ich jetzt schon Versprechungen wagen —

Fr. Saaler. Also alles ist abgethan?

Selbert. Alles!

Fr. Saaler. Gott Lob! das ist ein Glück, wie —

Selbert. Ja, auch bin ich recht froh darüber, und danke euch für eure Theilnahme. Fritz — warum so kalt bey meiner Freude?

Fritz gespannt nach dem Fenster sehend. Nicht kalt — aber ich begreife Sie nicht.

Selbert. Ist dir denn alles Kleinigkeit? Nun, Marie — so freue du dich mit mir.

Marie. Ihr Zorn würde mich nicht so hart strafen, als diese Güte — und Strafe verdiene ich.

Selbert. Mein Zorn? Strafe? Was willst du, meine Tochter?

Marie. Können Sie mein Unrecht so verschmerzen?

Selbert. Dein Unrecht?

Marie. Was ich mir nicht vergeben, und doch begehen konnte!

Selbert. Du?

Marie. Baueten Sie nicht ganz auf mich?

Selbert. Darf ich denn das nicht mehr? — Ihr starrt mich an — ihr seht vor euch nieder — Sagt, was habe ich zu erwarten — welches Unrecht?

Wanner tritt zu ihm. Freund! Welches Geschäft hast du mit Lechnern jetzt vollendet?

Selbert. Etwas, das zweifelhaft war, und mir wichtig ist: den Pachtkontrakt über seine hiesigen Ländereien haben wir auf zehn Jahre erneuert.

Wanner. Hm! — Hat er sonst nichts mit dir geredet?

Selbert. Nein!

Marie. Sonst nichts?

Selbert. Sonst nichts!

Marie. Ach Amalie — Amalie, Amalie!

Fritz sieht von hier an mit immer steigender Unruhe hinaus.

Selbert. Und was hätte er mir noch sagen sollen? Pause. Ihr weicht zurück — meine Mutter weint —

Fritz redet leise mit Wannern und eilt wieder ans Fenster.

Selbert. Marie — was hätte er mir noch sagen sollen?

Marie in Verzweiflung. Daß ich ihn liebe!

Selbert erschrocken. Tochter!

Marie. Seit ich in der Stadt war, geliebt habe —

Selbert. Nein, nein!

Marie. Daß ich Sie hintergangen —

Selbert. Marie —

Marie. Ihr Leben vergiftet habe; daß er mein Unglück gefühlt, mir neue Liebe gelobt hat; daß er mein Gatte werden wollte.

Selbert. Nimmermehr!

Fritz stürzt hinaus.

Vierzehnter Auftritt.

Vorige. Ernestine.

Ernestine. Ach helft doch, helft um Gottes willen!

{Fr. Saaler. Was ists?
{Selbert. Rede!

Ernestine. Herr von Lechner will fort, Peter fiel seinem Pferde in den Zügel —

Selbert. Mein Sohn — ach mein Sohn! Er geht ab.

Ernestine. Herr von Lechner hat auf ihn gezogen —

Marie wird schwach, sie sitzt, man hört einen schmerzlichen Schrey von ihr.

Wanner. Helfen Sie dort — Mutter! Er geht.

Funfzehnter Auftritt.

Vorige. Amalie.

Amalie. Peter liegt unter den Pferden —

Wanner. Gerechter Gott!

Amalie. Ich habe ihn fallen sehen; retten Sie, eh' es zu spät ist. Sie geht mit Wannern ab.

Ernestine ringt die Hände. Ach mein Bruder, mein Bruder!

Fr. Saaler. Wie wird mir — meine Kniee —

Ernestine läuft auf sie zu. Großmutter —

Fr. Saaler. Gott wird mir Kraft geben — ich stehe an deiner seligen Mutter Stelle! Sie führt Ernestinen zu Marien. Sieh — sieh deine Schwester recht an — So leidet eine Tochter, die ihres guten Vaters Vertrauen mißbraucht! So richtet ein schwelgender Bösewicht eine ganze Familie zu Grunde! Sie giebt ihr das Salz. Sorge für sie. Ich will beten, für Vater und Kinder! Sie stellt sich einige Schritte an die Seite, ihre bey den letzten Worten gefalteten Hände hängen herab, ihr Blick ist an den Boden gesenkt, ihre Lippen sind fest geschlossen, Ernestine unterstützt ihre Schwester. Der Vorhang fällt.

Fünfter Aufzug.

Erster Auftritt.

Von Lechner. Fritz.

Fritz hat Lechnern an der Hand, der sehr erhitzt aussieht.

v. Lechner. Da bin ich — was wollen Sie noch?

Fritz. Daß Sie dort hinein gehen — die Treppe hinauf, dann links die erste Thür, schließen Sie ab: so sind Sie sicher vor dem Pöbel, dem ich Sie mit Mühe entrissen habe.

v. Lechner. Das war Ihre Schuldigkeit —

Fritz. Gastrechtsschuldigkeit, von meiner Bruderschuldigkeit hernach. — Der Tumult nimmt zu — entfernen Sie Sich. Wir sind geliebt — man hat meinen Bruder unter den Pferden, und Sie auf ihn ziehen sehen — die Leute könnten —

v. Lechner. Ich weiche der Uebermacht. Die Achtung, womit Sie mir begegnen, soll die Unanständigkeiten der übrigen Familie gut gemacht haben. Er geht ab.

Fritz. Fort. Man kommt. Schließt außen ab.

Zweyter Auftritt.

Peter. Fritz.

Peter. War er das?

Fritz. Ja.

Peter will hinein. Auf!

Fritz. Wohin?

Peter. Zu ihm! — An ihn, in ihn, durch ihn hindurch — laß mich!

Fritz. Du kannst nicht hin.

Peter. Bruder!

Fritz. Geh zurück!

Peter. Lies! Giebt ihm einen Brief. Und wenn das dich nicht wüthend macht, so bist du ein Mensch ohne Ehre und Liebe, der für seine Schwester nicht thun will, was jeder Bauer thut, dem das Herz unter der Jacke schlägt, wenn er ein Mädchen betrügen sieht!

Fritz liest.

Peter. Das Gewissen schlug ihr, sie wollte abbrechen, da bat er sie wieder. — Da lies — „Der mit der feurigsten Liebe den festen Entschluß, Sie durch des Vaters Einwilligung zu beglücken, verbindet!" Und da ich ihm das vorhielt — Himmel und Erde — todt wäre er, hätte ihn meine Faust getroffen — sagte er mit einem Lachen — ja er hätte sie beglücken wollen — und das könnte noch geschehen! — Unsere Schwester — Marie — unsers Vaters ehrliche Tochter!

Fritz schlägt den Brief zusammen. Er ist ein Schurke!

Peter. So ists recht. Fort — hin. — Auf und ab zuckts in mir!

Fritz. Auch in mir! Aber höre —

Peter. Was willst du?

Fritz. Genugthuung!

Peter. Laß mich die Thür in tausend Stücken brechen —

Fritz. Geduld! Du kannst den Degen nicht führen?

Peter. Nein.

Fritz. Ich kanns — überlaß ihn mir. Sey ruhig.

Peter. Das kann ich nicht, und ruhig bin ich nicht.

Dritter Auftritt.

Vorige. Wanner.

Wanner. Euer Vater kann das Volk nicht beruhigen — Wo ist die Alte?

Peter. Ich weiß nicht.
Fritz. Bey Marien —

Wanner. Er redet dem Volke zu, wehrt ab—

sie wollen nicht fort — sie wollen Lechnern mit Gewalt unter sich haben. Redet ihr es ihnen aus, geht.

Vierter Auftritt.

Vorige. Amalie.

Amalie. Sie sind wieder in den Hof gedrungen, sie haben Herrn von Lechner oben am Fenster gesehen, sie wollen ihn durchaus unter sich haben.

Fünfter Auftritt.

Vorige. Ernestine.

Ernestine. Sie werfen Steine nach dem fremden Herrn ans Fenster herauf. — Der Vater kann fast nicht mehr reden. Er hat das Haus zugeschlossen.

Peter aus dem Fenster rufend He — ihr Leute — he! Ich bin wohl, seht — ganz wohl! ganz! Wir sind alle wohl. Mir ist nichts geschehen.

Volk von außen. Werft ihn herab — er soll herab!

Wanner. Kinder, das wird schrecklich!

Peter. Wir kommen herab!

Volk. Alle — alle und er. Herab mit ihm!

Peter. Seyd ruhig — seyd ruhig, wir kommen!

Volk. Gut — gut!

Fritz. Er will gewaltthätig mit ihm verfahren.

Peter. Er will ihn auf den Degen fordern.

Wanner. Was Fritz thut, ist recht!

Peter. Abscheulich ist es!

Amalie zu Petern. Lieber Selbert —

Ernestine zu Fritzen. Um Gottes willen, thu das nicht.

Sechster Auftritt.

Vorige. Frau Saaler.

Fr. Saaler. Kinder, das ist mein letzter Tag.

Wanner. Hört mich — laßt die Musik anfangen —

{ Fritz. Das ist gut —
{ Peter. Ja.

Fr. Saaler. Ach ja — so zerstreuen sich die Leute —

Wanner. Lauf, Kleine — die Musik soll gleich anfangen, dicht neben den Leuten! Gleich. Ernestine geht ab. Sie Mutter — geben gleich Wein her —

Fritz. Thun Sie das, Mutter!

Fr. Saaler. Gern, komm nur mit mir.

Sie geht ab.

Wanner. Ich stifte Ordnung hier unter den beiden.

Amalie. Ach Onkel — ja, thun Sie das!

Wanner. Hört — der Lärm wird ärger. — Hinunter, Frau, trinken Sie es dem Aeltesten zu. — Amalie — geh, fordre den Jüngsten zum Tanz auf.

Amalie. Ach Gott!

Wanner. Fort, daß Selbert Ruhe bekommt. Hinab, bringt sie in Tanz und Fröhlichkeit, daß sie die Sache vergessen! *Die Musik geht in der Ferne an.* Die Musik geht an. — So! bringt sie nach der Linde hin. — Ich verlasse mich auf euch!

Fr. Saaler *mit zitternden Knieen.*

Amalie. Onkel — hier ist das Unglück unter diesen beiden!

{ Fr. Saaler. Welch ein Unglückstag!
{ Amalie. Ich verlasse mich auf Sie.

Sie gehen ab.

Siebenter Auftritt.

Wanner. Peter. Fritz.

Wanner. Jetzt — keine Worte — Entschluß! Was soll's geben mit dem Kerl und euch?

Peter. Er soll merken, daß Marie einen Bruder hat.

Wanner. In der Ordnung, hoffe ich?

Fritz. Versteht sich.

Peter. Was — mit dem Degen?

Fritz. Natürlich!

Wanner. Wie anders?

Peter. Also dafür, daß so ein Mensch ein gutes Mädchen unglücklich machen will, darf er noch die Wahl haben, ihren Bruder zu erstechen?

Wanner. Freund, das ist —

Peter. Unvernünftig, wenns auch sittlich ist.

Fritz. Bruder höre mich an.

Peter. Das will ich bleiben lassen; du könntest mich überreden. Ich habe dich aber lieb; es ist nicht recht, der Kerl soll sein Eisen nicht in dich hinein rennen.

Fritz. Höre doch nur — — —

Peter. Nichts. Es ist unvernünftig, wenn man ein Unglück mit einem zweyten Unglück gut machen will.

Wanner. Das ist gut. Sie müssen bedenken —

Peter. Daß ich ein Herz habe und fünf Sinne, daß du mir lieb bist, daß du was gelernt hast, der Welt Nutzen und dem Vater Freude machen kannst! Sie sind ein alter Mann, und mögen doch wohl manchen Puff in der Welt überstanden haben; wie können Sie nur das Wort dazu reden, wenn so ein Fratze wie Lechner, der auf Raub ausgeht, erwischt wird, daß er noch einen braven Kerl verstümmeln oder niederstoßen darf, und hernach unter seines Gleichen herumstolzieren und sagen soll, den Bürgerskerl habe ich recht niedergesetzt? Unterdeß weinen wir hier um Bruder Fritz, und — der alte Vater geht zu Grunde. Nun, Fritz — thu es nicht. Herz habe ich — wenn du aber dein Leben auf das verfluchte Spiel setzen willst — so werde ich zaghaft. Nun, Bruder — sey gut. Wir sind Ein Blut, laß dir's zu Herzen gehen, daß ich bange für dich bin.

Fritz umarmt ihn. Zu Herzen geht mirs.

Wanner. Mir auch.

Peter. Gott Lob! so werden sie ja wohl beide vernünftig seyn!

Fritz. Hast du mich so lieb —

Peter. Ja wohl.

Fritz. So habe ich deine Briefe zu kalt gelesen.

Peter. Sey nur jetzt nicht kalt. Laß das Degenspiel weg, bleib leben. Ich will ihm den Weg weisen.

Wanner. Wie?

Peter. Das finde ich, wenn ich vor ihm stehe.

Fritz. Ohne Vertheidigung?

Peter. Was? Zeigt seine Hände Da! Die sind fest und gut, vom Vater aus. Für jemand, den ich liebe, brechen sie Eisen.

Fritz nimmt seine Hand, autmüthig. Das ist Ueberfall.

Wanner eben so. Gastrechtsbruch!

Fritz. Er ist in unserm Hause —

Wanner. Die Mehrheit ist gegen ihn —

Peter. Gastrecht — das ist wahr!

Wanner. Das müßt ihr beide ehren. — Versprecht mir es.

Peter. Wie lange?

Wanner. Bis er aus dem Hause ist.

Peter zu Fritzen. Willst du?

Fritz. So lange — ja.

Wanner. Versprecht mirs —

Peter. Wahrhaftig!
Fritz. Ich verspreche es! Sie geben ihm die Hände.

Wanner. Gleichwohl darf er so nicht wegkommen — also verspreche ich euch, auf Genugthuung für euch indeß zu denken.

Peter. Versprechen Sie es?

Wanner. So soll er nicht wegkommen. — Giebt beiden die Hand. Auf Ehre!

Peter. Gut. Sie sind ein ehrlicher Mann. Ich bin ruhig. — Jetzt laß uns den Vater — Da ist er!

Achter Auftritt.

Vorige. Selbert.

Peter. Vater, wie ist dir?

Wanner holt einen Stuhl. Setz dich, Freund!

Fritz. Armer Vater!

Wanner. Setz dich — ruhe! — Ja — das ist nun so — sobald man Vater ist —

Selbert. Vater — in dem Worte liegt mein Trost — mein Muth, mein Lohn! Matt bin ich — aber das geht über —

Peter. Können wir was thun?

Selbert. Hinunter gehen — daß die Leute im Tanz bleiben. Wer hatte den gescheidten Einfall mit der Musik?

Fritz. Herr Wanner —

Selbert. Das gleicht dir. — Es war Zeit —

Fritz. Wollen Sie nichts nehmen?

Selbert. Nein.

Peter. Du siehst übel aus.

Wanner. Beruhige uns, wie ist dir?

Selbert. Matt — aber sonst nicht krank. — Laßt mich nur ein wenig so ruhen —

Wanner. Ruhe! denn diese ruhen auch —

Selbert. Wie so?

Wanner. Der wollte den Degen gegen Lechnern ziehen — Der ihm die Faust aufs Herz setzen.

Selbert steht auf. Kinder!

Wanner. Ruhig — Sie haben gelobt, die Genugthuung zu wählen, die ich ihnen verschaffen werde.

Selbert. Dank, Bruder! — Du kamst zur Stunde, wo ein Bruder nöthig war.

Wanner reicht ihm die Hand. Sollst mich auch so finden.

Peter. Ich weiß nicht, ob ich dem Bruder nöthig war -- aber er war mir indeß recht gut, Vater!

Fritz. Er hat mir einen schönen Augenblick gegeben.

Selbert. Fühlst du das, Fritz?

Fritz. Ja!

Selbert. Das ist eine gute Nachricht. Kommt, kommt, meine Söhne — liebt euch immer — seyd euch immer nöthig — immer gut — so lebt ihr schöne Augenblicke. Fritz und Peter umarmen sich. Sieh da — ich bin Vater dieser beiden! So liegt Trost, Muth und Lohn in dem Worte! — Marien will ich sprechen, wenn sie kommt. — Daß niemand sie rufe.

Peter. Du bist so gut, Vater! Gott gebe dir doch viele frohe Tage unter uns!

Selbert. Wenn es euch nützt. Geh jetzt hinunter.

Peter. Das will ich, denn du bist jetzt ruhig, und hast einen Freund um dich, der es gut meint, und mehr versteht als ich. Er geht ab.

Selbert. Fritz — es hat meinem Herzen wohl gethan, daß du gut mit Petern bist! Ich danke — geh jetzt. Fritz umarmt ihn glühend, dann ab.

Neunter Auftritt.

Wanner. Selbert.

Wanner. Was willst du mit Marien?

Selbert. Erst sehen, was sie will; dann väterlich richten — aber gerecht!

Wanner. Sie hat dich beleidigt —

Selbert. Gekränkt!

Wanner. Wie kannst du denn dir einbilden — du würdest gerecht gegen sie seyn? Sey billig. Und was soll aus Lechnern werden?

Selbert. Hm!

Wanner. Wie?

Selbert. Wenn ich nicht Vater wäre — ich würde hart mit ihm verfahren.

Wanner schlägt ein. Recht so! Kälter. Aber du bist Vater!

Selbert. Gleichwohl, wenn der Vater bedenkt, wie er die Pflanze vertändelt hat, die ich so sorgsam gewartet habe — wenn ich an das Elend so mancher Väter denke, das diese Wollüstlinge täglich unter unsern Augen anrichten! Wenn ich daran denke, daß er noch des Mädchens und des Vaters lachen kann, daß seine Gesellschafter der Bürgerfamilie lachen, daß manche Dame der Einfalt des guten Kindes spotten wird, das in die Falle ging, und über ihren Fächer herab den Witz bewundern wird, womit die Falle gelegt wurde — so könnte ich alles vergessen, meine Pistolen laden und —

Wanner. Recht so! recht so, Bruder! Umarmt ihn. Aber, geht zurück. du bist Vater!

Selbert. Drum! Was mache ich mit dem Menschen?

Wanner. Laß sehen. Seine Ländereyen —

Selbert. Will ich nicht mehr.

Wanner. Du bietest ihm den Pachtkontrakt zurück?

Selbert. Zurück.

Wanner. Hm — so laß mich mit ihm reden.

Selbert. Wohl.

Wanner. Ihn fortschaffen —

Selbert. Heimlich —

Wanner. Versteht sich! — Höre — mir fällt bey — wenn dein Sohn ein Jahr wartet, Amalie ist dann mündig, die Verwandten haben mir dann nichts vorzuwerfen: so könnte sie doch deinen Fritz heirathen.

Selbert. Hernach davon — hernach.

Wanner. Daß du mir nicht vergissest, daß dieß mein liebster Wunsch ist —

Zehnter Auftritt.

Vorige. Frau Saaler.

Fr. Saaler. Ja, lieben Leute, das ist ein Unglück --

Wanner. Unglück? Glück ist es!

Fr. Saaler. Glück? Herr Licenziat, Sie —

Wanner. Glück! Ja Frau, ich sehe nur Glück in der Sache! Man kennt die Krankheit jetzt —

Fr. Saaler. Ist eine Krankheit dann auch geheilt?

Wanner. Ja, wenn der Patient noch was nutz ist.

Fr. Saaler. Und wenn der denn nichts nutz wäre?

Wanner. Thut man das Seine, und besiehlt das übrige Gott. Da stehen wir mit Marien — und das mag der Vater untersuchen.

Selbert. Das will ich.

Fr. Saaler. Ach was muß ich erleben!

Wanner. Frau, hängen Sie nicht noch Ihre Wehklagen an des Vaters schweres Herz. Bey meiner Seele, Sie sind dazu zu gescheidt. Frisch aufrühren Sie Sich. So lange der Mensch athmet, kann er jung seyn. Für Großmutter — handeln Sie wie eine brave Hausfrau, die dem Manne die Last leichter macht. Werfen Sie so ein funfzig Jahre hinter sich; ich wills eben so machen; dann geht alles, wie es muß. Er geht ab.

Elfter Auftritt.

Frau Saaler. Selbert.

Fr. Saaler. Die Hausfrau — meine gute Tochter — ja — die fehlt eben.

Selbert. In diesem Falle — wohl ihr!

Fr. Saaler. Und wenn ich meiner Tochter Stelle vertreten will, wenn ich sie gewissenhaft vertreten will — so muß ich nicht klagen; so muß ich freylich nicht daran denken, wie die Mädchen zu meinen Zeiten waren. Die Welt wird alle Tage anders — — Aber wie gesagt, Herr Wanner hat Recht: wenn ich meiner lieben seligen Tochter Stelle vertreten will, so muß ich das vergessen. Hm — zu meinen Zeiten freylich — wenn damals so ein Mädchen in einen Edelmann sich vergafft, Briefe gewechselt, Geheimnisse gehabt hätte, da — Aber Wanner hat Recht. — Ich will so ein funfzig Jahre hinter mich werfen, und es vergessen.

Selbert. Liebe, gute Mutter!

Fr. Saaler. Ach ich weiß wohl, wenn meine

Tochter, Gott tröste sie — jetzt hier zwischen uns beiden stehen könnte — so würde sie an Ihrem Halse hängen, Sie wehmüthig ansehen und bitten, daß Sie Mariechen vergeben möchten. Dann dürfte ich Ihnen sagen, Herr Sohn, daß Ihre Erziehung nichts getaugt hat, daß man das sonst besser verstanden hat, daß Sie Ihre Kinder zu Herren gemacht haben: und das müßte ich sagen, denn es ist wahr. Da aber meine Tochter in die Ewigkeit ist —

Selbert. Mutter!

Fr. Saaler. Und ihre Thränen für Marien nichts mehr gut machen können — so will ich denn ein funfzig Jahre hinter mich werfen, und singen ein ander Lied. — Vergeben Sie ihr in Gottes Namen.

Selbert. Das ist die Mutter meiner verewigten Luise; ich sehe sie, ich höre sie wieder — Mariens Fürsprecherin!

Fr. Saaler. Ich könnte nicht ruhig sterben, wenn die Kinder nicht eine gute Mutter an mir hätten — Vergeben Sie also Mariechen, und recht von Herzen!

Selbert. Von Herzen!

Fr. Saaler. Unrecht bleibt es freylich. Wer so einen Vater hat, sollte — Aber — wenn eine Mutter so von ihren Kindern gehen muß, es ist gar zu hart! Wem sie denn so auf Erden das Mutterrecht nachläßt, hat sich wohl vorzusehen, daß er nicht zu viel thut. Herr Sohn — ich sehe meine Tochter noch, als ihr die Kinder das letztemal vorgeführt wurden. Wie sie nun fortgebracht wurden, da richtete meine selige Luise sich noch einmal auf — sah ihnen nach, streckte ihre kalten Arme ihnen nach. Das letzte war Mariechen, die sah sich in der Thür noch einmal kläglich um — „Ach Mariechen behielte mich so gern!" sprach der liebe Engel, und sank wieder auf sein Todeslager nieder. — „Du willst mich, Vater! so leite sie und laß gute Menschen Geduld mit ihr haben!" Ja Luise, ich habe Geduld!

Selbert. Auch ich!

Fr. Saaler. So, Herr Sohn — wir wollen Geduld haben, so halten wir ihr unser Wort, wie Sie ihr denn immer Wort gehalten haben.

Zwölfter Auftritt.

Vorige. Marie.

Fr. Saaler. Komm, komm her! Marie kommt zwischen sie. Zittre nicht, Unge — wir wollen Geduld haben. Marie schluchzt.

Selbert. Um der Thränen willen, die heiß über deine Wangen laufen, und weil ich nicht begreifen kann, daß du bös seyn solltest — will ich Geduld haben.

Fr. Saaler. Ja wir wollen Gutes von dir hoffen, um deiner seligen Mutter willen.

Selbert. Ich vergebe dir.

Marie. Vater! *Umfaßt seine Kniee, reicht die andere Hand der Mutter* Mutter!

Fr. Saaler. Steh auf —

Marie. Mein Erröthen, mein Gram — meine Liebe, mein Wille hier Gutes zu geloben, wirft mich nieder — denn wie könnte ich an Ihrem Busen seyn, wie könnte ich die Narbe ansehen — die Sie einst aus Liebe für mich empfingen — meine Thränen werden sie brennen machen — — hier mögen sie in den Staub fallen, und von niemand geachtet seyn. Vater, Sie sind so gut — sehen Sie mich härter an, ich bitte Sie.

Fr. Saaler *hebt sie auf.* Sag mir auf dein ehrliches Gewissen, hast du Gutes vor?

Marie. Ach ja!

Selbert. Kannst du Lechnern vergessen?

Marie. Ja, denn ich muß ihn verachten.

Selbert. Gewiß?

Marie. Bei dem Andenken meiner Mutter, es ist wahr.

Selbert. So bin ich ganz mit dir zufrieden. Umarme mich —

Marie. O wie wohl, wie frey, wie selig ruhe ich an Ihrem Herzen, da ich vor Ihnen kein Geheimniß mehr habe! Bin ich Ihnen auch wieder lieb' Mutter?

Fr. Saaler. Du hast recht ungehorsam gehandelt, recht! Aber wegen — nun — Zieht sie an sich, und Marie küßt sie.

Marie. Mutter, ich wills verdienen — Ach mein Vater, eine Bitte —

Selbert. Rede, mein Kind —

Marie. Etwas, das mir Stärke und Muth geben wird — nennen Sie mich bald einmal wieder Ihre liebe Marie —

Selbert. Mei —

Fr. Saaler. Nein, Herr Sohn, das gehört ihr noch nicht. Wir wollen sehen, wie sie sich anlassen wird. Du hast geweint. — So kannst du nicht unter die Leute gehen, trockne deine Augen. Kommen Sie auf mein Zimmer — Dort, unter dem Bilde meiner Luise, wollen wir ihr noch gute Lehren geben, daß ich auch meine Schuldigkeit ganz thue, und mein Gewissen bewahre. Geh voraus dahin, Marie. Marie geht ab. Eine gute Seele! Wären die Bücher und die Frau Muhme in der Stadt nicht gewesen —

Selbert. Da sie ihn nicht mehr achten kann, liebt sie ihn auch nicht mehr. Sehen Sie nun — Liebe zu uns, und gute Grundsätze, lassen doch ein Kind nie ganz fallen. — In der Hauptsache habe ich an meinen Kindern doch reiche Ernte!

Fr. Saaler. Beyspiel—Beyspiel, Herr Sohn,

das ist die Hauptsache, und das ist der Segen, der auf Ihrem Haupte ruht!

Selbert. Den Sie in mein Haus gebracht haben!

Fr. Saaler. Der mir in Ihnen so viel Gutes giebt, daß ich ein heiteres Alter habe! Gott Lob. Nun kommen Sie. Nun sind mir die funfzig Jahre wieder gekommen, und ich will ihr heilsame Lehren für die Zukunft geben. Geht. Kommen Sie, Herr Sohn. Sie gehen ab.

Dreyzehnter Auftritt.

Wanner. Fritz.

Wanner. Jetzt machen Sie, daß Ihr Vater mir den Pachtkontrakt schickt.

Fritz. Und wenn Lechner geht —

Wanner. Sage ich es Ihnen.

Fritz. Mein Pferd ist gesattelt; auf der Gränze werde ich —

Wanner. Gut — gut.

Vierzehnter Auftritt.

Vorige. Amalie.

Wanner. Geh jetzt, daß dein Vater mich in Ruhe läßt —

Fritz. So wie er geht — darauf rechne ich!

Wanner. Ja doch!

Fritz. Denn —

Wanner. Ja doch — geh! —

Fritz geht ab.

Wanner. Amalie, ich habe dich rufen lassen —

Amalie. Sie sind so ernst —

Wanner. Die Unruhen im Hause haben mich ernst gemacht. Von Mariens übler Lage — komme ich auf deine beßre Lage. Du bist versorgt. Heirathe — so bald du mündig bist. Fritz ist der Mann für dich.

Amalie. Wer weiß —

Wanner. Ich.

Amalie schweigt.

Wanner. Wie? Das Spiel der niedergeschlagnen Augen ist nicht für jemand, der seine Augen bald ganz schließt. Hast du dagegen? — Ja oder Nein?

Amalie. Sie sind so — ernst und gerührt —

Wanner. Das ist meine Sache. — Nun — Ja oder Nein?

Amalie. Dagegen habe ich nicht —

Wanner. Gut. Küßt sie. Sey gescheidt! Streichelt ihre Wangen. Habe mein Andenken lieb, und verpflege meinen Jupiter. Jetzt geh —

Amalie. Lieber Onkel — Sie rühren mich unbeschreiblich!

Wanner. Das ist gut!

Amalie. Sie sind sonst —

Wanner. Nicht so feierlich? — Hm — dagegen werde ich an dem Tage, wo du heirathest — nicht feierlich seyn, und so ists egale Rechnung. Geh zu Marien, sie leidet und bedarf deiner! Geh hin, Kind!

Amalie geht ab.

Wanner. Gott mit dir! — Wir sind fertig.

Funfzehnter Auftritt.

Ernestine. Wanner.

Ernestine. Da schickt der Vater Papiere.

Wanner. Gut.

Ernestine. Bruder Peter wird auch gleich hier seyn.

Wanner. Gut. *Küßt sie.* Kind — koste ja deinem Vater keine Thränen. — Lauf hin.

Ernestine geht ab.

Sechzehnter Auftritt.

Wanner. Peter.

Wanner. Wie sind die Leute unten — ruhig?

Peter. Alle ruhig, tanzen alle, da sie mich wohl gesehen haben —

Wanner. Ist keiner mehr am Hause herum?

Peter. Sie tanzen alle.

Wanner. Desto besser. Ich wollte wohl, du gingest hin, und gäbest Acht, daß Marien nicht zu viel geschieht —

Peter *lebhaft* Gewiß, das leide ich nicht.

Wanner. Ich bin dir recht gut.

Peter. Das ist schön.

Wanner. Trag den Ring von mir —

Peter. Als was?

Wanner. Als Ring.

Peter. Noch habe ich keinen getragen, aber der ist auch der rechte nicht.

Wanner. Warum?

Peter. Ach ich möchte nur einen kleinen schlichten goldnen Ring haben —

Wanner. So?

Peter. Inwendig mit Buchstaben.

Wanner. Aha! — Weißt du schon, welche Buchstaben?

Peter. Ach ja! A. F.

Wanner. Wie — wer ist das? A — A?

Peter. — m!

Wanner. Und noch einmal a?

Peter. Hernach — l —

Wanner. Amal — ?

Peter. — ia Fersen! Ach wenn es Gott so gut mit mir vorhätte!

Wanner. Hm!

Peter. Dann wollte ich eine eigne Wiese für eine eigne Kuh, von der Ihr Jupiter allein die Milch haben sollte — wollte ich halten.

Wanner. Guter Junge — das kann wohl nicht seyn — Aber dir wird es doch gut gehen. Denk, daß ich dir es gesagt habe. Geh; den Ring behalte.

Peter. Wozu?

Wanner. Zu meinem Gedächtniß.

Peter. An Sie denke ich, wo ich einen guten Menschen sehe!

Wanner. Geh jetzt.

Peter. Und wenn ich auch Amalien nicht haben soll!

Wanner. Du bist ein braver Kerl —

Peter. Ach es hilft mir ja doch nichts!

Er geht ab.

Wanner. Es ist doch gut, wenn man keine Familie hat. — Kaum gehöre ich eine Viertelstunde zu dieser, und schon gebundne Hände bey jedem Schritt! Schließt die Thür auf, die zu Lechnern führt, und ruft hinein: Herr von Lechner — Herr von Lechner!

v. Lechner von innen Ich komme! Wanner geht zurück.

Siebzehnter Auftritt.

Wanner. Von Lechner. Dann Andreas. Hernach Peter von außen.

v. Lechner. Man beträgt sich sehr abgeschmackt gegen mich.

Wanner. Man hätte kürzer verfahren sollen.

v. Lechner. Kann ich fort —

Wanner. Gleich. Dieß Papier gehört Ihnen —

v. Lechner. Der Pachtkontrakt —

Wanner. Und Selberts Unterschrift wird zurück begehrt.

v. Lechner lacht Gut, gut.

Wanner. Sie hätten den Dank für den Segen mitfeiern können, der auf Ihren Feldern gedieh — statt, daß diese Familie nun Sie bittet von hier zu gehen, um ihr Glück nicht zu stören.

v. Lechner. Hat Ihr alter Freund Sie an mich abgeschickt, mir eine Predigt zu halten? Wohl, reden Sie; ich will hören und dann gehen. — Nun — thun Sie Ihre Schuldigkeit.

Wanner. Ich thue sie. Wir schießen uns.

v. Lechner. Alter!

Wanner. Mit jungem Herzen. Nimmt zwey Pistolen heraus.

v. Lechner. Sie wollen —

Wanner. Sie sind gleich geladen — Wählen Sie — und fort! —

v. Lechner. Bedenken Sie, Sie sind —

Wanner. Alt! So schone ich Vater und Sohn —

v. Lechner. Vater und Sohn —

Wanner. Die Sie fordern wollen.

v. Lechner. Sie nehmen da den Antheil —

Wanner. Eines Freundes! Daß Sie keinen solchen haben, begreife ich.

v. Lechner. Einen Don Quixot nicht, der —

Wanner heftig. — Das Wort ist hart — aber Sie reitzen mich nicht — denn ich bin gefaßt. Kalt. Ich habe es überlegt, ich will es. Diese Geschichte soll in Ihrer und Ihres Gleichen Lebensart einen Stillstand machen — sey es durch meinen Tod — aber Sie haben gefrevelt und sollen büßen!

v. Lechner. Ich habe Herz — Aber, vernünftig gesprochen — wie kann eine Galanterie Sie so aufbringen?

Wanner. Weil es Galanterie war; weil Sie um Galanterie, Vater, Tochter, Bruder — eine ganze Familie opfern wollten; weil Sie über den Kummer lachen, den Sie angerichtet haben; weil ich in Ihnen die ganze frivole Race züchtigen will. Leben ist mir nichts — für wehrlose Tugend sterben — alles! Genug — fort!

v. Lechner nimmt die Pistole. Her! allons! — Wohin?

Wanner. In das Wäldchen dort auf der Höhe.

v. Lechner. Gut. Sie gehen Noch eine Frage. Sie stehen an der Thür. Dann schieße ich mich, wenn Sie wollen.

Wanner. Gefragt!

v. Lechner. Auf Ehre, insultieren soll die Frage nicht! — Sie gehen vor. Was ist mein Vergehen?

Wanner. Sie haben Sich um Marien beworben?

v. Lechner. Ja.

Wanner. Auf eine Art, die ihr eine Verbindung hoffen ließ?

v. Lechner. Auf gewisse Weise — ja.

Wanner. Um von der Höhe ihrer Tugend sie fallen zu machen? Lechner zuckt die Achseln. Sie gestehen das.

v. Lechner. Ich habe geschwiegen.

Wanner. Jetzt kommen Sie.

v. Lechner. Gleich! — Ich weiß, daß der älteste Sohn vom Hause auf der Universität einer Zimmermannstochter die Cour machte.

Wanner. In ernster Absicht.

v. Lechner. Wie ernst mochte die seyn, da er sie verlassen konnte?

Wanner. Er kann sie nicht heirathen.

v. Lechner. Ich kann Marien nicht heirathen.

Wanner. Jenes Mädchens Ehre ist ungekränkt.

v. Lechner. Ich schieße mich für Mariens Ehre.

Wanner. Seine Absichten waren rein.

v. Lechner. Desto schlimmer. Ich — gehe wahrscheinlich ohne Mariens Achtung von hier. Er — steht wie der Held, der Ehre und Pflicht sein Liebstes opfert — ein liebenswürdiges Wesen — so steht er vor der Zimmermannstochter!

Wanner. Hm!

v. Lechner. Marie ist von ihrer Liebe geheilt — oder kann es werden. Die Zimmermannstochter grämt sich — liebt keinen andern — indeß der Oheim Wanner ganz ruhig die Hand des Geliebten seiner Nichte giebt, und dann doch wieder mit mir über das sich schießen will, was er dort gut heißt! Wie — was sagt Ihnen Herz und Gewissen?

Wanner. *Pause.* Aehnlich ist der Fall — aber nicht gleich.

v. Lechner. Gleich. Der angesehene Privatmann — die Handwerksmannstochter. Der Edelmann — die Privatmannstochter. Ich opfre die edle Liebe eines guten Mädchens der Galanterie — er der Ambition. Eines ist etwas besser, recht ist keines.

Wanner. Ihre Rechnung ist sehr ungleich —

v. Lechner. Leichter kann der Bürger der minderen Bürgerin Wort halten, als der Edelmann. Strafbarer ist in diesem Fall der Bürger — — und — mein Herr Licenziat, der Bürger, der der minderen Bürgerin sich schämt — ist stolzer als der Edelmann. — Wollen wir uns nun noch schießen — so thun Sie es für das, was Marie hätte riskieren — können — ich für die Zimmermannstochter, die schon aufgeopfert ist! — Wer schießt dann mit dem besten Gewissen?

Wanner *geht einen Augenblick bei Seite, nimmt ihm dann die Pistole.* Keiner! *Eine kalte Verbeugung.* Glückliche Reise! *Klingelt dreymal.*

v. Lechner. Uebrigens —

Wanner. Nichts mehr! — Wenn Sie über die Familie lachen — finden wir uns.

v. Lechner. Ich fühle Achtung für Sie. Wanner verbeugt sich.

Andreas. Befehlen? —

Wanner. Gieb mir das Billet, was ich dir vorhin für deinen Herrn gab —

Andreas. Er hats schon — eben habe ich es —

Wanner In einer Stunde, sagte ich dir —

Andreas. Ich hätte es vergessen mögen, da —

Wanner. Nun gleich viel. Besorge den Herrn und seine Pferde und Leute heimlich von hier weg —

Andreas. Gleich. Er geht ab.

v. Lechner. Ich möchte Ihnen gern Vergnügen machen — wie aber? — Bekehrung — in meiner Jugend — hat nicht —

Wanner. Man kommt —

v. Lechner. Behutsamkeit wenigstens —

Peter von außen. Auf! — Die Thür auf! —

Wanner. Gleich! — Wenn Sie glücklich auf der Höhe sind —

Peter. Herr Wanner — leben Sie?

Wanner. Ja doch! — dann ein Zeichen für uns —

v. Lechner. Mein Jäger soll —

Peter sprengt die Thür ein.

v. Lechner. Adieu! Er geht schnell ab.

Achtzehnter Auftritt.

Wanner. Peter. Dann Selbert. Amalie und Ernestine.

Peter stürzt auf ihn zu. Was haben Sie gemacht? Umarmt ihn.

Selbert den Brief in der Hand. Freund, um Gottes willen, was thust du? Umarmt ihn.

Amalie umfaßt ihn von hinten zu. Onkel!

Ernestine nimmt an Peters Seite seine Hand, weinend. Ach lieber Herr Wanner —

Wanner. Was ists? Was fährt euch allen in die Köpfe?

Amalie. So — wollten Sie mich wegschicken?

Selbert. Dein Leben opfern?

Wanner. Es ist ja nichts draus geworden. Da — seht! Mein Kopf ist noch so ganz mein, als der Kopf eines Advokaten seyn kann, und der Purpur meiner Nase ist nicht erblaßt!

Peter. Scherzen Sie nicht. Mir zittern die Kniee noch, und mir ist so zu Muthe, daß ich laut weinen möchte.

Selbert. Sieh, wie mir die Thränen herabrollen — bessern Lohn habe ich nicht.

Peter. Ist das die Genugthuung, die Sie uns —

Wanner. Erhebt ihr nicht ein Geschrey, wenn ein alter Invalide findet, daß er ausgedient hat, und daß es besser ist, junge Bursche bleiben auf dem Posten, als er! Was hätte es denn geben können? — Krankenbesuche und Medicin hätte ich erspart. Hm — habe ich doch weiland auf der Universität für manchen Landsmann, der kein Herz hatte, mehr gewagt, als ich hier für meinen besten Freund wagen wollte! Wollte! Geschehen ist nichts. Da liegen beide noch geladen: also komplimentiert mich weder mit Worten, noch mit Thränen. — Ah die Großmutter!

Neunzehnter Auftritt.

Die Vorigen. Frau Saaler von Fritz geführt.

Fr. Saaler. Lebt er denn noch?

Alle. Ja, Gott Lob!

Fritz. Haben Sie so Wort gehalten?

Wanner. Meinem Herzen!

Fr. Saaler. Ein feiner Mann! Setzt sich. Mir zittern alle Glieder. Wirft funfzig Jahre hinter sich —

Wanner. Nun —

Fr. Saaler. Und die gesunde Vernunft mit! Schießen? Ist das christlich?

Wanner. Liebe, alte Freundin!

Fr. Saaler. In Ihren Jahren noch so toll?

Wanner. Der erste Wurf ist der beste. Uebrigens unterwerfe ich mich dem Gericht nicht; denn wenn über ein Duell Großmütter zu Gericht fahren — so ist kein Erbarmen; und ich möchte doch noch bey euch bleiben. Friede, Mütterchen! — Gnade dem alten Sünder! Sein Herz hat's gut gemeint!

Fritz umarmt ihn. O wie fühle ich das!

Wanner macht sich los. Weg, Bursche — Du hast den Handel verderbt.

Fritz. Ich?

Selbert. Was hat mein Sohn —
Peter. Bruder Fritz?

Wanner. Wenn eine Parthie böse Sache hat, sinkt mir der Arm.

Fritz. Was habe ich gethan?

Wanner. Hört ihr Leute — der Mensch ist in eine Zimmermannstochter ernstlich verliebt — Fritz tritt einen Schritt mit gefalteter Stirn zurück. Alle sehen auf ihn. hat nicht das Herz, sie zu heirathen, weil er höher will. Da wir eben am Schuß waren, fragt mich Lechner: ob ich Recht hätte, seine Heirath zu stiften, da das Mädchen vor Gram des Todes seyn könnte? Pause. Frau Saaler steht auf. Da ist die Sache — Richtet! Pause. Fritz schlägt die Arme unter, sieht auf den Boden.

Selbert. Fritz!

Fr. Saaler geht ganz vor und sieht ihn an. Eine Zimmermannstochter? Fritz hält die Hand vor die Stirne.

Wanner. Ist sie euch zu wenig?

Fr. Saaler. Fritz — eine Zimmermannstochter? Fritz wirft sich in einen Sessel.

Wanner. Lieber die Zimmermannstochter für

den Bürger als ein Fräulein! Sie bringt ihm eine Art ins Haus. Gut, die steht hinter der Thür und schadet niemand. Wo aber ein Pergament mit einer Kapsel in ein Bürgerhaus mitgekommen ist — das mögt ihr unter noch so viel Schlösser legen, es brütet euch Unheil und Thorheit.

Fritz steht auf. Ich liebe sie.

Amalie. Das — giebt Selberten das Porträt. ist sie —

Selbert. Ein gutes Gesicht!

Peter. Vater, laß mich auch sehen, wer den Bruder zahm gemacht hat.

Wanner. Was meint ihr? Soll sein Ehrgeitz die weiße Fahne ausstecken?

Peter. Du schämst dich, weil es eine Zimmermannstochter ist? Und sie hat ein so ehrlich Gesicht, und ein so schön Gesicht, daß ich ihr recht gut bin.

Selbert. Ist das deine Billigkeit?

Fritz wendet sich ab.

Selbert. Deine strenge Gerechtigkeit?

Fritz weint und verbirgt es.

Selbert. Du hast gegen dein Herz gearbeitet — und bist dir — uns — und wir sind dir fremd geworden!

Fritz schluchzt laut und geht ab.

Wanner. Laßt ihn; sein Herz bricht, der Verstand schämt sich. Wenn die Kinder roth werden, sind ihre Thränen nahe.

Amalie. Ich will sie fließen machen, diese Thränen. Sie folgt Fritzen.

Fr. Saaler. Eine echte, rechte Liebschaft?

Wanner. Ja.

Fr. Saaler. Und da hat wieder der Vater nichts gewußt? Wieder Ein tausend sieben hundert und neun und neunzig!

Wanner. Sie hätte ihn gebildet, sagt er.

Selbert. Das wußtest du? —

Wanner hält die Hand vor die Augen. Freylich.

Selbert. Wolltest das Mädchen opfern?

Wanner. Ich wollte hoch hinaus mit ihm und Amalien. Dünkel!

Selbert. Und dieß Mädchen, er giebt der Frau Saaler das Portät. die ein sehr edles Gesicht hat, hintergehen?

Wanner. So fragte Lechner mich auch, und darum stand ich wie ein alter dummer Junge gegen ihm über. Er brachte meine Hand aufs Herz — ich den Hahn in die Ruhe, die Pistolen auf den Tisch — will nun Heirathen stiften, dann auf meine Stube gehen und mich ärgern, daß die Jahre vorüber sind, wo man erst schießt und dann fragt. — Kreuze nicht mit den Augen gegen mich, Mütterchen.

Ich hätte den Menschen nicht ermordet, und mein Tod wäre ein glorreicher Tod gewesen, für die Tugend, meinen alten Freund und seine Kinder. — Manche alte Bursche — von denen, die noch hier und da auf Amthäusern vorhanden sind — hätten ihr Pfeifchen ausgeklopft und gerufen: — — Unser Wanner ist doch fidel gestorben! — Das ist der Text, den ich zu meiner Leichenpredigt wünsche.

Peter. Wenn ich nun wäre wie Sie — so lebte ich fidel. — Ich spräche: Amalie, du sollst dem Zimmermannsmädchen das Herz nicht zerreißen — und dem Peter auch nicht. Geh hin — gieb deine niedliche Hand an Petern. Er ist ein ehrlicher Kerl. — Er wird für dich, mich, Vater und Großmutter thun, was er weiß und kann — Wir wollen zusammen fidel seyn. —

Wanner. Du — Landmann! — Wenn Amalie dich will —

Peter springt auf. Ein Wort?

Wanner. Topp!

Peter. Vater? — Selbert lächelt. Vater lächelt! Victoria! — Gott Lob! Der Peter ist Bräutigam! Er ist in fröhlichen Springen hinaus.

Wanner. In einem Jahre ist sie mündig — dann hört meine Verantwortung auf — So lange wartet.

Fr. Saaler. Ja — dann läßt sich freylich auch eine Einrichtung machen!

Zwanzigster Auftritt.

Vorige. Marie.

Marie. küßt Wanners Hand. Ich bin es nicht werth.

Man hört in der Ferne blasen.

Wanner. Lechner ist in Sicherheit.

Fr. Saaler. Ist er fort?
Selbert. Gut.

Wanner. Marie — wie ist Ihnen, wenn wir von Lechnern sprechen?

Marie. Leicht — Wie nach einem schweren Gewitter.

Wanner. Trefflich! Braves Mädchen!

Ein und zwanzigster Auftritt.

Vorige. Peter und Amalie.

Peter, der Amalien im Scherz herein zieht. Sie will, sie will, sie will!

Amalie. Onkel?

Wanner. Da — Er giebt sie Petern. Habt Euch! Er bringt sie zu Selberten.

Selbert umarmt sie. Seyd glücklich!

Peter führt sie zur Frau Saaler. Da ist eine Tochter, die so gut wird, als meine Mutter. Sie weiß, daß ich dich lieb habe, und wird herzlich gut gegen dich seyn. Lege deine liebe Hand auf sie — das ist eine gute Vorbedeutung.

Fr. Saaler steht auf und steckt ihr einen Ring an. Sey wie meine Louise — und lebe länger!

Selbert. Liebt euch, wie wir uns liebten —

Wanner. Und mich laßt nicht allein!

Peter geht zu Wannern.

Amalie zu Selberten.

Zwey und zwanzigster Auftritt.

Vorige. Fritz.

Fritz. Vater —

Selbert. Wir sind hier sehr glücklich —

Fritz mit unterdrückter Bewegung. Ich habe einen Reitenden weggeschickt — ich hoffe sie wird kommen —

Selbert. Ich bin mit dir zufrieden —

Fritz. Damit Sie sie sehen —

Selbert. Und dann —

Fritz. Wenn sie Ihnen gefällt —

Selbert. Ich denke sie wird mir gefallen.

Fritz. Halte ich es für meine Schuldigkeit sie zu heirathen.

Selbert. Schuldigkeit nur?

Fritz. Und Glück, Wonne, Segen meines Lebens, den —

Selbert. Recht. — Komm, laß dein Herz an dem meinen schlagen, unsre Thränen sollen zusammen fließen. Du folgst dem Herzen, und es wird dich lohnen. — Sohn — wehe dem Lande, dessen Richter nie weinen will — er weiset den Schutzengel der Unterthanen ab!

Wanner geht hinten auf und ab.

Fr. Saaler. Komm, Fritz — komm her.

Fritz geht zu ihr.

Fr. Saaler. Du ehrst deinen Vater, wie es sich gebührt. — Sie hat ein Kreuz um den Hals gebunden. Gieb das deiner Braut, wenn sie ankommt; es ist ein Kreuz von schönen Rosetten; mein seliger Herr schenkte mir es an meinem Geburtstage. Das bedeute dir: Wer hier Kreuz trägt — glänzt oben.

Fritz. Dank Mutter — aus vollem Herzen.

Wanner kommt vor. Höre — ich will dir auch ein Kreuz schenken — meine Praxis in der Stadt. Die Thräne der geretteten Unschuld glänzt auch schön!

Selbert. Zusammen leben wir —

Wanner. Bey einander sterben wir — Gaudeamus igitur! Ruft aus dem Fenster. Hört ihr da unten, ihr Tänzer und Springer — Gaudeamus igitur! Bringt euern Herbstkranz her — eure Musik, eure hübschen Mädchen — herauf, herauf!

Fr. Saaler. Die Schwiegertochter wird mir eher guten Tag geben, als bonjour.

Ernestine. Ich darf deiner Braut doch ein Tuch nähen?

Fritz. Es soll ihr bester Schmuck seyn.

Selbert. Fritz, du machst alles, wie ich es wünsche.

Peter. Und Peter ist auch nicht übel!

Amalie. Peter ist gut.

Wanner. Da lasse ich das Mädchen Italiänisch lernen, Englisch, Singen — Mahlen —

und nun will sie Sallat setzen, Heu machen — bleichen —

Peter. Das lerne ich ihr, sie mir das andre. Gute Nachbarn tauschen — Küßt sie. Tausche!

Fr. Saaler. Peter! Es ist doch ein ungezogner —

Wanner. Bräutigam! Die Leute haben so ihre eigne Etikette. Ernestinen laßt mir statt der Nichte. Jupiters erste Hofdame.

Drei und zwanzigster Auftritt.

Andreas mit einem Mädchen am Arme. Vorige.

Andreas. Ists wahr — wir sollen kommen?

Selbert. Herein!
Peter. Alle!
Amalie. Herein!
Fritz. Ja doch!

Andreas. Kommt herein — alle — kommt — die Musik auch, nur herein!

Vier und zwanzigster Auftritt.

Einige Mädchen. Landmusikanten. Ländliche Musik. Die Vorigen.

Selbert. Freund — trage den Kranz, den du uns gewunden hast! —

Wanner. Nein! Und hättest du mir ihn lieber nicht gezeigt — er hat meine Heiterkeit verjagt.

Selbert. Weßwegen?

Wanner. Herbsttag! — Dieser Kranz ist Segen eures Herbstes — des deinen! Werde ich doch fast unmuthig — indem ich deinen Segen betrachte, und mein dürres Feld!

Selbert. Wanner!

Wanner. Last des Lebens habe ich getragen — und doch fühle ich mich leer — denn ich habe dem Staate keine Kinder gezogen.

Amalie. Onkel!
Peter. Vater!

Wanner. Gut, gut! — Antheil habe ich — das ist schön! — Wenn ihr nun aber nicht so gut wäret — wie dann? Freund, du hast sehr Recht — Hm! da wandelt man herum — spielt die schöne Figur — wird alt und albern — und — ein Hund, eine Katze, ein Papagey, karessieren den Strohmann, an dem nichts und der an nichts hängt!

Selbert. Wir hängen alle an dir.

Wanner. Dein Herbsttag ist so gesegnet — da stehen die Früchte glücklich eingebracht. Der Wind fuhr wohl über die Aehren, nimmt Fritzen und Marien an der Hand. er bog sie — aber er zerknickte sie nicht.

Selbert. Dafür danke ich Gott!

Peter. Und die schönste Wiese, für eine eigne Kuh — und die beste Milch soll Jupiter haben. — O ich halte Wort!

Wanner. Wort halten? Danach siehst du aus — und das macht mich frisch. Mutter! — von Ihrem Beispiel kam die gute Ehe — vom Beispiel alles Gute, was auch mit auf mich fällt — Mutter! — trage diesen Kranz — diese Krone, die mir heute so viel ehrwürdiger geworden ist, als eine in der Welt — die Krone häuslichen Segens! — Giebt sie ihr, faßt ihren Arm. Selbert, führe deine Mutter —

Selbert thut es.

Wanner. Zeige deinen Bruder den frohen Landleuten — Mutter — zeigen Sie mich als Ihren Sohn — der doch fremde — Freuden gern anbauet — wenn auch seine brach liegen. — Faßt jedes ein Band von diesem Segenskranze, ihr jungen Leute.

Fritz und Marie, Peter und Amalie nehmen jedes eines zu beiden Seiten.

Ernestine voraus.

Wanner. Wir machen die jungen Paare bekannt — der Becher geht herum, und die Mutter und ich führen den Ehrentanz auf — dann setzen wir den Herbstkranz in die Mitte, und ich lerne jedem — Gaudeamus igitur! — Wer es nicht versteht — sieht mirs aus Herz und Auge leuchten, und fühlt es — Gaudeamus igitur!

Musik voraus. — Sie nach. — Bauern schließen. Der Vorhang fällt.

Leichter Sinn.

Ein Lustspiel in fünf Aufzügen.

Personen.

Minister von Bargen.
Hofrath Raning.
Sekretär Siward.
Seine Frau.
Räthin Bellmann, deren Mutter.
Hauptmann Siward, auf Pension, des Sekretärs Onkel.
Kommerzienrath Bellmann.
Bastian, } seine Söhne.
Kaspar, } seine Söhne.
Philipp, } seine Söhne.
Jakob, des Sekretärs Bedienter.
Der Schulz.
Die Schulzin.
David.
Liese.
Der Schulmeister.
Seine Frau.
Zwey Bauernknaben.
Ein Jäger und mehrere Bediente des Ministers.

Erster Aufzug.

Ein sehr einfach möbliertes Zimmer.

Erster Auftritt.

Räthin Bellmann und Hofrath Raning treten ein.

Räthin den Hofrath an der Hand, sehr heftig. Kommen Sie, lieber Freund, daß ich meinem armen Herzen Luft mache!

Hofrath. Ist neuerdings etwas vorgefallen?

Räthin. Alle Tage wird mein Schwiegersohn ärger, alle Stunden unerträglicher.

Hofrath zuckt die Achseln und lacht.

Räthin. Meine arme Tochter!

Hofrath. Freylich ist sie hier nicht an ihrer Stelle.

Räthin. Ach wie ganz anders würde sie mit Ihnen gelebt haben!

Hofrath. Meine treue Liebe wurde ja verworfen.

Räthin. Der Herr Minister regiert das Land — Sie sind der Freund des Herrn Ministers; wäre meine Tochter Ihre Frau geworden, so hätte ich ihr mit gutem Rathe beistehen können —

Hofrath. Ich wurde ja verworfen.

Räthin. Einfluß — Ehre — Ansehen — Schönheit, Reichthum — Ach Gott! diese Herrlichkeit ist vorbey! — Statt dessen dient sie den Launen eines Menschen, der zu keiner vernünftigen Idee sich erheben kann, regiert kaum eine Gesindestube.

Hofrath. Man hat mich ja nicht gewollt.

Räthin. Ist es meine Schuld? Ich habe mich ja immer laut für Sie erklärt. Sie war ja wie unsinnig in den pöbelhaften Menschen verliebt.

Hofrath. Wenn aber die Frau Tochter sich in der Lebensweise hier gefällt — —

Räthin. Nein, dieser und jener Sturm ist in ihr erregt, sie hat das Bauernleben genug —

Hofrath. Nun wahrlich, sie ist doch auch zu wichtigern Dingen gebildet.

Räthin. Zeichnet, singt, spricht drey Sprachen, war die Bewunderung der Stadt —

Hofrath. Und nun sitzt sie hier auf dem Lande, und führt die große Rechnung über Eyer und Milch —

Räthin. Sie muß in die Stadt. Sie ist mein Stolz und meine Freude, ich will sie bewundert sehen. Sie soll jedermann gefallen. Und wenn er denn absolut verlangt, daß ihr niemand gefalle als er, gut, so mag er sich dort darum bewerben, statt daß er hier ihre Huldigung auf eine Weise annimmt, die mir unerträglich ist.

Hofrath. Der Eindruck, den die kleine Frau auf meinen Minister gemacht hat, ist so groß — so groß — daß, wenn sie nicht in die Stadt kommt — ich wohl zu wetten mich getraue, daß er heraus kommt.

Räthin. Wirklich, Seine Excellenz sollten —

Hofrath. Er spricht nur von ihr. Ich sage Ihnen, nur von ihr.

Räthin. Wenn der Herr einige Freundschaft für uns behalten wollte, so könnte ich ja endlich zu einem gerechten Spruch in dem Lieferungsprozeß kommen; das gäbe auch nebenbey eine Gelegenheit, aus dem odiösen Sekretarienrang heraus zu kommen?

Hofrath. Wenn man seine Gewogenheit kultiviert — allerdings.

Räthin. So wird uns ja mein thörichter Schwiegersohn Dank schuldig.

Hofrath. Wenn er Vernunft hätte. Aber wenn der Minister sich erst durch die morosen Sitten des Hauses hier zu einer angenehmen Stunde durcharbeiten soll —

Räthin. Das kann man dem Herrn nicht zumuthen. In die Stadt, in die Stadt!

Hofrath. Gelingt Ihnen das nicht, so muß man entschlossene Maßregeln nehmen.

Räthin. Es muß gehen. Verlassen Sie Sich auf mich.

Hofrath. Gern und ganz. Nutzen Sie den Augenblick — Ihre Tochter ist jetzt die dominante Passion des Ministers.

Räthin. Gott! Ich gerade außer mir, wenn ich daran denke, daß dieß ungenützt vorüber ginge. Uebrigens soll mich Gott bewahren, die Principes meiner Tochter zu verletzen — das nicht — denn ich denke an die Ewigkeit — aber man kann sich in der Welt geltend machen, ohne ruchlos zu seyn, wenn man Verstand hat.

Hofrath. Sehr gewiß! Und diese Lebensart hier im Hause ist eigentlich doch wohl nur Affektation.

Räthin. Sie ist bäuerisch —

Hofrath. Langweilig —

Räthin. Altväterisch —

Hofrath. Und führt zu nichts.

Räthin. Drum soll alles umgeschaffen werden.

Hofrath. Sie thun ein gutes Werk.

Räthin. Geben Sie nur Ihro Excellenz zu verstehen, daß auf mich zu rechnen ist.

Hofrath. Das weiß der Herr Minister schon.

Räthin. Und was sagt er?

Hofrath. Er ist ganz Dankbarkeit für Sie.

Er hat selbst schon von Ihrem alten Prozeß seitdem gesprochen.

Räthin macht eine Verbeugung. Der Herr hat viel Gnade für uns.

Hofrath küßt ihre Hand. Auf Wiedersehen — Wo?

Räthin. Wieder auf dem Jahrmarkt, dächte ich? In der Allee —

Hofrath. Ganz recht. Wann?

Räthin. Zwar vernehme ich, daß der Herr Schwiegersohn gegen die Fahrt ein Verbot haben ausgehen lassen: aber in anderthalb Stunden sind wir dennoch dort.

Hofrath. Meinen Dank zum voraus. Er geht ab.

Räthin. Wenn ich nur die Glückseligkeit noch erlebe! — Ich will gern sterben — nur muß die Welt das Talent meiner Tochter anerkennen.

Zweyter Auftritt.

Räthin Bellmann. Sekretär Siward.

Räthin. Um zehn Uhr, Herr Sohn, fahren wir nach der Stadt.

Sekretär. Guten Morgen, Frau Mutter.

Räthin. Um zehn Uhr.

Sekretär. Was meinen Sie?

Räthin. Ich sage, daß wir um zehn Uhr nach der Stadt fahren wollen.

Sekretär. Wer?

Räthin. Ich und meine Tochter.

Sekretär. Für Sie soll angespannt werden, meine Frau wird hier bleiben.

Räthin. Warum nicht gar!

Sekretär. Ich hätte es gern so.

Räthin. Es ist Jahrmarkt, man kauft ein — man —

Sekretär. Man kauft — man verkauft — ja, ja. Ich liebe diesen Jahrmarktshandel nicht.

Räthin. Was soll das heißen?

Sekretär. Sie verstehen es.

Räthin. Ist das von dem alten Herrn Onkel Kapitän so ordiniert?

Sekretär. Von mir — und von ihm. Ja von ihm, wirklich von ihm. Warum sollte ich daraus ein Geheimniß machen?

Räthin. Also soll sich meine Tochter auch nach diesem alten Stundenglase richten? Herr Sohn, die Wirthschaft kann nicht so bleiben.

Sekretär. Meine?

Räthin. Sie sind der Spott der ganzen Stadt.

Sekretär. Ich wohne vor dem Thore.

Räthin. Es kommt kein rechtlicher Mensch zu Ihnen.

Sekretär. Wen halten Sie für einen rechtlichen Menschen?

Räthin. Meine Tochter ist ein Bauerweib geworden.

Sekretär. Ich finde sie sehr liebenswürdig.

Räthin. Ihre Talente werden nicht ausgebildet.

Sekretär. Sie geht in der Vollendung vorwärts, denn sie erwirbt ganz neue Talente.

Räthig. Mit Einem Worte, meine Tochter ist das Leben hier überdrüssig.

Sekretär. Das sagt sie mir nicht.

Räthin. Aber mir.

Sekretär. Wahrhaftig?

Räthin. Ja, ja.

Sekretär. Das wäre sehr traurig.

Räthin. Sie wissen es nun, und können es ändern.

Sekretär. Ich kanns nicht ändern.

Räthin. Geben Sie das Ding hier in Pacht — gehen Sie mit uns in die Stadt, und leben Sie wie es einem Manne von Ihrem Stande, der eine so liebe Frau hat, zukommt.

Sekretär. Ich werde hier bleiben.

Räthin. Das setzen Sie nicht durch, denn wir wollen Aenderung.

Sekretär. Haben Sie vergessen, daß ich bey meiner Ehe diese Lebensweise ganz voraus gesagt habe?

Räthin. Das habe ich nicht vergessen.

Sekretär. Daß ich sie zur Bedingung gemacht habe.

Räthin. Ja, das haben Sie.

Sekretär. Konnte ich ehrlicher handeln?

Räthin. Nun sind wir eben so ehrlich, und sagen Ihnen, daß uns diese Bedingungen und diese Lebensweise nicht mehr anstehen.

Sekretär. Madam!

Räthin. Und darüber verlieren Sie gar kein Wort; Sie würden Sich zum Gelächter machen. Eine schöne junge Frau, die — nun sie war nun einmal damals verliebt in Sie — geht alles ein —

Sekretär. Ich hoffe, meine Frau ist mir noch ein Bischen gut.

Räthin. O Gott ja!

Sekretär. Wirklich?

Räthin. Aber eine Frau hat Rechte, und hat, wenn wir durch namhafte Leute meinen Prozeß betreiben, noch konsiderabeln Gewinn auf ihren Antheil zu hoffen. — Und mit Einem Worte, das Arkadische Leben zwischen der Milchkammer und dem Altvater Kapitän hat ein Ende.

Sekretär. Schwerlich.

Räthin. Wir wollen Ihr Vergnügen, Ihr Glück. Letzteres mehr, als man es hier schaffen kann. Aber wir wollen leben — Menschen sehen — Konzerte hören und uns darin hören lassen —

Sekretär. Wollen Sie Sich auch hören lassen?

Räthin. Wenn ich sage — „wir," — so sage ich, daß Sie es mit zwey Partien zu thun haben.

Sekretär. Mit einer, denn meine Frau ist von meiner Partie.

Räthin. Wir sind der eichnen Tische und Stühle überdrüssig — wir wollen ein Ameublement wie sichs gehört — wir wollen — mit Einem Worte, unsrer Existenz genießen. Sind wir einmal alt und gebrechlich, läßt uns die Welt, die wir nicht mehr aufsuchen können, sitzen — dann — nun — dann wollen wir in Gottes Namen hier eine frische Milch essen, und uns in der Stille zum Tode präparieren. — Aber jetzt wollen wir leben, leben, Herr Sohn, leben!

Sekretär. Dabey ist nur Eine Verlegenheit!

Räthin. Welche?

Sekretär. Ob ich jetzt lachen — zanken — fluchen — oder stillschweigen —

Räthin. Hm! — einpacken — mitfahren und in der Stadt ein Logis miethen.

Sekretär. Hat mir meine Frau das alles durch Sie sagen lassen?

Räthin. Nicht eben wörtlich; aber wenn Sie ein wenig Acht geben wollen, werden Sie finden, daß es so in ihr liegt. Nun, was beschließen Sie?

Sekretär. Ihnen nicht ein Wort zu glauben.

Räthin. Sie werden müssen.

Sekretär. Mit meiner Frau zu reden.

Räthin. Kurzer Aufschub.

Sekretär. Auf ihr Herz mich zu berufen.

Räthin. Die Vernunft behält ihr Recht.

Sekretär. Meinen Willen durchzusetzen.

Räthin. Das kommt Ihnen theurer zu stehen als Nachgeben. Sie geht ab.

Sekretär. Nun da hätte ja meine Herrlichkeit auf einmal ein Ende! — Das war ein kurzer Traum — und er war so schön! — Was ist zu thun? — Hm! Vor allen Dingen wollen wir die Sache nicht von der ernsten Seite nehmen, man kommt mit gutem Muthe weiter.

Dritter Auftritt.

Sekretär. Hauptmann. Siward.

Hauptm. Guten Morgen, Vetter.

Sekretär. Dank, lieber Onkel.

Hauptm. Ich komme aus dem Garten herauf — Die Vögel fressen deine schönsten Kirschen.

Sekretär. Gesegnete Mahlzeit.

Hauptm. Den Henker auch. Man muß sie wegtreiben.

Sekretär. Meinetwegen. Der Jakob soll unter sie schießen —

Hauptm. Nein. Dann besser gesegnete Mahlzeit.

Das Schießen bekommt oft weder dem der schießt, noch dem der geschossen wird, besonders. — Wenn die Frau Räthin zu disponieren wären, sich mit ihren unendlichen Redensarten in einem Kirschbaum vernehmen zu lassen — dann wichen Vögel und Menschen. — Wie siehst du aus, Vetter? — Ist etwas passirt?

Sekretär. O ja. Ich bin etwas aus der Contenance, lieber Onkel.

Hauptm. Viehseuche?

Sekretär. Viel ärger — guter Onkel.

Hauptm. Wär der Teufel —

Sekretär. Es gefällt meiner Frau nicht mehr hier —

Hauptm. Was habe ich vorher gesagt?

Sekretär. Sie will in der Stadt wohnen.

Hauptm. In der Stadt wohnen? Nun so hat uns der Wirbel denn ergriffen und wir schwimmen mit dem Strome. — Hahaha — so sind wir denn zum allgemeinen Jammerleben auch mit eingeschrieben. — Bravo, Frau Schwiegermutter, gut gespielt!

Sekretär. Verdammt gut.

Hauptm. Und du? was willst du nun thun?

Sekretär. Hier bleiben.

Hauptm. Du dauerst mich, ehrlicher Kerl.

Sekretär. Dahin ist es noch nicht.

Hauptm. Habe ich dich nicht gegen die

Spazierfahrt mit lieb Mama gewarnt? So ein wackerer Stamm im herrlichen Treiben — der Frost fällt über Nacht darauf — hin ist er. Hin bist du — Adieu, Er geht. Kreuzträger!

Sekretär. Onkel, nicht übeln Muthes! Munter, frisch, guter Laune, sonst ist die Bataille verloren.

Hauptm. Dein einer Flügel ist schon umgangen. Du bist hin! — Das kenne ich. Schlägst du dich auch jetzt mühselig durch — was hilfts? du bist marode, sie greifen dich wieder an, du wirst geschlagen, und dann mußt du dich auf Diskretion ergeben. — Es ist mir leid um dich, Bursche, denn ich habe dich sehr lieb — leid um mich — denn es wird nun alles anders werden — ich werde mit reduciert — du bist hin!

Sekretär. Ich bin entschlossen, die Sache anders zu sehen und anders zu nehmen.

Hauptm. Warum gefällt es deiner Frau nicht mehr hier?

Sekretär. Neigung zu sehn und gesehn zu werden.

Hauptm. Richtig! — Des Herrn Ministers von Bargen Excellenz haben ihr und dir die Ehre erzeigt — mehreremale mit ihr zu sprechen.

Sekretär. Onkel! meine Frau ist —

Hauptm. Ein Weib! — Ach die Weiber!

Setze sie ins Paradies, so werden sie doch noch sich beklagen, daß ihnen der böse Feind nicht huldigt.

Sekretär. Meine Frau ist eine Ausnahme.

Hauptm. Armer Teufel! Lerne einer so alten Schildwache die Wege und Stege kennen, auf denen die Weiber zum Ziel kommen! Du lieber Gott — die Sperlinge, die deine Kirschen fressen, möchte ich nicht schießen — aber — wenn man so auf die Frau Räthin anlegen dürfte — baff — und in Gottes Namen über den Gartenzaun hinaus — Vor Gott wäre das zu verantworten, nur vor der Polizey nicht. Er geht ab.

Sekretär. Der Minister! Hm! Sie sieht mir doch so harmlos in die Augen! Nein, Julie — du magst deinen eiteln Tag gehabt haben — wer hat den nicht ab und an? aber du bist brav. — Wenn sie freylich fest darauf bestehen sollte, in der Stadt zu wohnen, das wäre kein gutes Zeichen. Was soll ich dann thun?

Vierter Auftritt.

Madam Siward. Sekretär Siward.

Sekretär. Wo warst du, liebe Julie?

Mad. Siw. Im Wäldchen.

Sekretär. Du pflegtest mich sonst zu rufen, wenn du dahin gehen wolltest —

Mad. Siw. Ich habe dich nicht gefunden.

Sekretär. Hättest du mich denn wohl gesucht?

Mad. Siw. Wie?

Sekretär. Nun du bist müde, ruhe aus. Er setzt ihr einen Stuhl. Zudem habe ich eine Anrede an dich zu halten, und die sollst du feierlich empfangen.

Mad. Siw. Eine Anrede?

Sekretär. Ja, und sie betrifft nichts Kleines; die ganze Summe meines Glücks.

Mad. Siw. Wie ist das?

Sekretär. Es ist das erstemal in meinem Leben, daß ich etwas verlegen gegen dich bin. Daran habe ich Unrecht, denn meine Sache ist gut, aber — ich fürchte, sie gefällt dir doch nicht — und da ich nun wünsche, daß dir mein Thun und Lassen gefallen möge — so kommmt daher die Verlegenheit.

Mad. Siw. steht auf. Rede —

Sekretär. Ganz recht — nun folgt die feierliche Anrede an meine Frau!

Liebe Julie!

„Deine Mutter sagt mir, du habest kein Vergnügen mehr daran, hier zu seyn, du möchtest in der Stadt wohnen, das betrübt mich außerordentlich. — Ich bin fertig.

Mad. Siw. setzt sich, legt den Arm auf die Lehne, und

spielt verlegen damit, ohne sich umzusehen, sanft. Ist die Anrede nicht länger?

Sekretär. Nein. Das war das Thema. Die Ausführung ist unnütz, denn du weißt alles, was ich wünsche und denke, was mir heilsam, was mir unentbehrlich ist. Alles das habe ich in deine Verwahrung gegeben. Dabey befinde ich mich wohl und ruhig, fröhlich und glücklich: und nun rede du, liebe Julie!

Mad. Siw. Lieber Freund, ich bin nicht auf die Antwort vorbereitet.

Sekretär. Desto besser.

Mad. Siw. Ich mag dich nicht betrüben —

Sekretär. Das glaube ich dir gern und finde es sehr beruhigend für mich.

Mad. Siw. Es ist wahr, der Hang zum Landleben —

Sekretär. Ist das große Loos, das ich mit dir gewonnen habe —

Mad. Siw. Zufriedenheit ist das größte Loos!

Sekretär. Hätte ich diesen Gewinn dir verschleudert?

Mad. Siw. Mit dir werde ich überall zufrieden seyn.

Sekretär. So bist du es hier?

Mad. Siw. O ja — aber doch — laß mich offenherzig seyn. — Die Neigung manches kleine

Talent zu üben, das hier nicht an seiner Stelle ist, ist mit einer Art Sehnsucht wieder erwacht.

Sekretär. Liebe Julie! Die Welt mag untergehen — wenn nur dieser Winkel stehen bleibt — wo ich dich reden, lachen, singen, in aller Reinheit und Kraft des Herzens wandeln, und durch deine Güte und dein Talent eine kleine Schöpfung nach der andern hervorgehen sehe. Sollte meine gute Hausfrau ein Publikum bedürfen?

Mad. Siw. Meine Mutter hätte es mir überlassen sollen, meine Wünsche dir vorzutragen. Sie hat mich in große Verlegenheit gesetzt.

Sekretär. Mich auch. — Willst du durchaus in der Stadt leben?

Mad. Siw. Wir sehen hier keine Menschen.

Sekretär. Menschen — sehen wir hier — und gute Menschen — nur keine sogenannten Zirkel. Seufzt. Mit einem Worte — du vermissest überhaupt die städtische Unterhaltung?

Mad. Siw. Wenn mir nun dein wahrer, echter, seltner Werth, in einem kostbaren Rahmen reizender, anziehender schiene — würdest du zürnen, wenn ich dich in diesem Lichte lieber sehen möchte — als in einer Einfachheit, die — sey nicht böse — zuletzt ein Einerley hervorbringen könnte — das uns beiden nicht gut seyn möchte. Sie umarmt ihn.

Sekretär sieht sie an und schüttelt den Kopf. Eine feine Wendung — eine höfliche Wendung — der aber auch die Umarmung das Fremde nicht nehmen kann — was du selbst fühlst, daß sie hat.

Mad. Siw. gekränkt. Das war ungerecht. Sie geht von ihm.

Sekretär. Nun so laß uns ein Wort von dem prächtigen Rahmen reden, darein wir versetzt werden sollen.

Mad. Siw. empfindlich. Es ist auch wohl nur eine Laune bey mir, die vielleicht wieder vergeht — also laß uns gar nicht mehr davon reden.

Sekretär. Nein, mein Kind — so gern ich die Dinge leicht greife — so stehen wir — ehrliche Leute wie wir sind — dennoch jetzt an dem offenen Grabe unsrer Ruhe; laß uns hinabsehen und wissen wo wir standen, ehe wir umkehren.

Mad. Siw. Du mußt die Sache —

Sekretär. Ein Wort! Es ist nicht Laune noch Abgestumpftheit, daß ich das Getümmel meide — es ist Resultat meiner Prüfungen und Erfahrungen, fester Wille, unsern Werth zu erhalten. Die wenigen Zimmer, worin wir hier uns so nahe leben, uns fast immer sehen, zusammen handeln, zusammen denken, schaffen eine Einheit der Seelen, die mein höchstes Glück ist — weder Menschen noch Pracht ziehen Wände zwischen uns, und gerade der kleine Raum, in dem wir leben und sind, bildet den Tempel unseres häuslichen Glücks! — Bist du seiner überdrüssig?

Mad. Siw. herzlich. Ludwig!

Sekretär. In der Stadt — wie man nun einmal dort lebt — würden wir über allen Unterscheidungen uns bald fremder werden! Ein Ansprachzimmer für dich, eines für mich — mehrere Gesellschaftszimmer, zwischen allem dem noch ein Eßsahl — ach es wäre eine Reise, die eines zu dem andern zu thun hätte, auf der so oft die Herzlichkeit des Augenblicks verloren gehen würde. Ich bin nicht reich genug, die Menge von Spiegelwänden, Lüstren, Mahagoni-Meubeln, die Zierden von Bronze und Alabaster, die Massen von drapperierter Seide, von türkischen Teppichen, von Silbergeschirr zu schaffen, die dahin gehören — ich bin nicht resignirt genug über das Achselzucken der Mehrheit, um sie nicht zu schaffen, wenn wir einmal dort leben — in allen diesen Dingen, die das Bedürfniß, der Stolz, die Leidenschaft und das Elend unserer Zeiten sind — ginge meine Laune, mein Vermögen, meine Selbstständigkeit, das selige Vergnügen an Kleinigkeiten, die allein den wahren Werth des Lebens erhöhen, — verloren. Für dich und mich verloren!

Mad. Siw. Wenn freylich alles so wäre — wenn ich nicht sähe, daß Andere, nicht reicher als wir, dieß alles sich zu verschaffen wüßten —

Sekretär. Ich begreife nicht wie sie es können — und will es nicht begreifen, da ich auf ihre

Art es nicht können wollen würde. — Und was würde aus diesem freundlichen Gute?

Mad. Siw. Das könnte ja der Onkel verwalten —

Sekretär. Der ehrliche alte Onkel — er sollte mich, seinen Zögling, nicht mehr sehen? Ich nicht mehr sein Wohlgefallen an uns beiden?

Mad. Siw. Wir kämen dann zu Zeiten heraus und — das Landleben wäre uns wieder neu, und wir empfingen neue Kraft in dieser schönen Natur.

Sekretär. Nein! Die Natur stattet den aus, mit voller Kraft, der ganz an ihrer Brust ruht — dem, der ganz ihr leben könnte und sie verworfen hat, giebt sie Vorwürfe und Wehmuth!

Mad. Siw. — So laß uns davon abbrechen.

Sekretär. Julie! — Es kämpft etwas in dir — was diesen Aufenthalt dir verderbt hat — aber — du wirst im Kampfe Herr bleiben — also bin ich ruhig und gebe dir freundlich und herzlich die Hand — Er reicht ihr die Hand dar und will gehen.

Mad. Siw. greift schnell darnach und hält ihn zurück. Was meinst du, Ludwig!

Sekretär. Etwas, das ich nicht gern bey seinem Namen nennen mag. Wir haben jetzt beide auf gewisse Weise unsere Gemarkungen umgangen. Keines wird des andern Gränzsteine heimlich verrücken. Wir sind beide von Treu und Glauben — wenn zwischen uns ein Dritter etwas verderben wollte — der hätte böses Spiel — und also — wird er es bleiben lassen, denke ich. *Er geht ab.*

Mad. Siw. *steht einen Augenblick wie versteinert da.* Ein Dritter? *sie fährt auf.* Nein — keiner, niemand! Ich will — *Sie geht, ihr begegnet*

Fünfter Auftritt.

Räthin Bellmann. Mad. Siward.

Räthin. Wohin?

Mad. Siw. Zu meinem Manne,

Räthin. Was dort?

Mad. Siw. Ihn beruhigen, ihm sagen, daß —

Räthin *hält sie.* Bleib. Ist er unruhig? Recht gut.

Mad. Siw. Er soll es nicht seyn. Ich will nichts thun, denken, athmen, was diesem gütigen Freund Unruhe geben kann. Lassen Sie mich — ich bitte — lassen Sie mich zu ihm —

Räthin. Nein.

Mad. Siw. Ich habe ihn gequält —

Räthin. Heilsam!

Mad. Siw. Ich war unausstehlich — ich kann mirs nicht verzeihen. Warum haben Sie ihm gesagt, daß wir in die Stadt — ach es war eine Thorheit, daß wir es wollten. —

Räthin. So?

Mad. Siw. Es schien mir nur Eitelkeit — es war — ich weiß selbst nicht was — ich begreife nicht, wie es zugegangen ist. — Ach diese paar Tage in der Stadt haben einen Tumult in mir hervorgebracht — den ich hasse.

Räthin. Was hast du denn gethan? Wessen weißt du dich schuldig?

Mad. Siw. Schuldig? Gott Lob nichts, aber ich war unvorsichtig. — Der Minister ist verbindlich, ein Schritt hat zu dem andern geführt, das Ganze wirft einen Schein auf mich, den ich verabscheue.

Räthin. Gehst du jetzt mit mir in die Stadt?

Mad. Siw. Nein, nie wieder, nie! Ich wollte, ich wäre nie da gewesen, hätte nie mit dem Minister gesprochen!

Räthin. Damit gar von dem Prozeß und deinem Antheil an der glücklichen Entscheidung keine Rede mehr wäre, damit jede große Aussicht verschlossen bliebe. Du weißt nicht, was du noch werden kannst. Durch Geist und Herz Tausende beglücken können, ist mehr als seine ganzen Verstandeskräfte auf Obsttrocknen verwenden.

Mad. Siw. Ich habe gar den Geist nicht, den Sie mir zutrauen, ich will ihn nicht haben — ich habe ein Herz — dem die kleinste Falschheit den Tod giebt — ich will meinem Manne alles sagen — es ist zwar nichts — es hätte aber mehr werden können — ich will ihm alles sagen —

Räthin. Julie! das verbiete ich dir!

Mad. Siw. Mein Herz, das Recht, meine Liebe, mein Unrecht, seine Ehrlichkeit, seine Güte, meine Ruhe, meine Pflicht — alles, alles will es und reißt mich fort zu ihm hin — es muß nichts in mir seyn, das er nicht weiß und richtet und vergiebt. Will mit Ungestüm fort.

Räthin hält sie mit Gewalt auf. Und was soll dein Mann dann mir sagen, wie wird er mit mir umgehen?

Mad. Siw. erschrocken. Ach!

Räthin. Du wirst ihm nichts sagen.

Mad. Siw. Ich bringe Ihnen ein großes Opfer.

Räthin. Du wirst es mir noch Dank wissen. — Das sind so Aufwallungen, mein Kind. Darin muß man sich besitzen. Dein Mann mag jetzt seinen Willen haben: du fährst nicht mit in die Stadt, ich fahre allein. Er soll es aber zu seiner Zeit empfinden, daß ich dort war. Sie geht ab.

Mad. Siw. nach einigem Nachdenken, mit tiefem Seufzer. Nicht lasterhaft — nicht einmal fehlerhaft — nur unachtsam — nur ein paar Augenblicke der Eitelkeit — und sie kosten mich — was ich vielleicht nie wieder gewinne — meine Unbefangenheit und das Vertrauen meines Mannes! Sie geht ab.

Zweyter Aufzug.

Zimmer der Madam Siward. In der Mitte hängt ein Erntekranz. Auf der Toilette stehen einige Blumentöpfe. Jakob, des Sekretärs Bedienter, bringt eben den letzten herein.

Erster Auftritt.

Sekretär Siward. Jakob.

Sekretär ist beschäftigt, das zu ordnen.

Jakob. Noch mehr Blumen, Herr Sekretär?

Sekretär. Nein, mein Freund.

Jakob. Was soll denn nun hier vorgenommen werden? —

Sekretär. Große Dinge.

Jakob. Wir haben doch kein Erntefest vor der Thür.

Sekretär. Viel mehr!

Jakob. Das wäre —

Sekretär. Ein Friedensfest!

Jakob. Das ist ja schon vorbey.

Sekretär. Meinst du —

Jakob. Schon vor —

Sekretär. Es giebt Kriege, wovon die Zeitungen nicht sprechen.

Jakob. Nicht möglich!

Sekretär. Und Friedensfeste, warum sie sich nicht bekümmern, wenn man nicht das Einrücken bezahlt.

Jakob. Kurios!

Sekretär. Und dann müssen wenigstens Kanonenschläge dabey gewesen seyn — eine gnädige Herrschaft, etwas Vivat und eine alte Trompete. Dieß ganze Wesen hier — kann — wenn es sehr hoch hergeht — mit einer stillen Umarmung enden.

Jakob. Ohne Getränke?

Sekretär. Ich denke wohl!

Jakob. Das gefällt mir nicht.

Sekretär. Rufe meine Frau zu mir

Jakob. Ja. *Geht, denkt nach, bleibt stehen.* Mit Erlaubniß — gehört Madam zum Frieden?

Sekretär. Wahrhaftig, sie gehört dazu.

Jakob. So? Nun so kenne ich auch den Feind. Der alte Feind ist in die Stadt gefahren.

Sekretär. Närrischer Kerl!

Jakob. Hören Sie — dem Feinde sollten Sie keinen Durchmarsch mehr erlauben. Wie sie wieder kommt — den Jakob an die Einfahrt postiert — daß der ihr den Frieden publiziert — etwas Gebratenes kalt in den Wagen, eine Bouteille Mallaga — glücklichen Rückzug — fahr zu Kutscher! Er geht. Nehmens nicht übel, der Jakob meint nur so —

Sekretär. Daß sich die Menschen so gern rächen. Und die Rache macht nur böses Spiel! — Gegen Uebel wie das, was meinem Frieden droht — giebt es nur ein Mittel — guten Muth und Vertrauen. Habe ich doch so manches fremden Menschen bösen Handel mit guter Laune geendet, warum nicht meinen eignen Handel — der — obendrein noch nicht so arg ist.

Zweyter Auftritt.

Madam Siward. Sekretär Siward.

Mad. Siw. Nun endlich seh ich dich — weswegen sollte ich nicht — sieht die Blumen. aber was ist das?

Sekretär. Wir wollen uns in unserm Handel nicht betrügen — du sollst die ganze fröhliche Armuth, die ich dir hier geben kann, die Musterung passieren lassen — ehe du sagst — ich will hier bleiben.

Mad. Siw. Ludwig! Davon ist nun keine Rede mehr.

Sekretär. Mehr kann ich deinem Putztische

nicht opfern, aber ich finde dich unbeschreiblich liebenswürdig bey allem, was du hier nicht hast, weil du es sogar nicht bedarfst.

Mad. Siw. Guter Mann — lieber ehrlicher Freund —

Sekretär. Sieh da — den Preis unsres Fleißes vom vorigen Jahre. — Mich dünkt, ein Lustre von Kristall de Roche könnte für uns nicht so schmücken, als dieser Erntekranz!

Mad. Siw. legt sich mit beiden Händen auf seine Schulter. Nur zu — ich finde mich immer mehr wieder!

Sekretär. Diese Blumen habe ich für dich gezogen. — Dieses Segens habe ich mich gefreut — — wenn ich dachte — Julie wird die Königin meiner Felder seyn. Du bist es nun — alles dieß hat sein ganz eignes neues Leben, durch deinen Geist und dein Herz erhalten. — Dieser kleine Hof ist im Rufe, daß der arme Reisende hier sein Nachtlager — der kranke Nachbar Hülfe und Zuspruch von dir erhält. Was Wohlwollen und Wirthschaftlichkeit vermögen, ist nur hier. Die Sonne geht jeden Tag über einer kleinen Schöpfung auf, die dein Werk ist. Alles duftet dir — hört auf deine Stimme — und verliert mit dir alles! Kannst du dein eignes Werk verlassen?

Mad. Siw. Nein! Ich kann es nicht, bey Gott — ich kann es nicht. So manches würde mich erinnern — der zitternde Thau in jeder Rose, die man mir von hier nach der Stadt brächte — würde mir Wehmuth und Thränen geben.

Sekretär. Nun, wenn leblose Dinge das auf dich wirken konnten, so wäre es ja Beleidigung deiner Liebe, wenn ich von mir selbst noch reden wollte. Hier — bin ich froh und kräftig, stark und frisch wie die gute Natur. Warum soll ich in der Hitze eines Treibhauses mich abzehren, und vor der Zeit welken? Der schönen Tage waren hier so manche — herrlicher können sie noch werden. Du hast Ansprüche auf Bewunderung zu machen, manches Talent in dir geht hier so gut als verloren — aber du bist gerecht und sanft, gut und weise — treu und liebend — du opferst die Ansprüche, welche die Bildung zu machen hatte, der Liebe und Natur. Liebe und Natur werden dir es lohnen! Sie umarmen sich.

Mad. Siw. Laß meine Thränen antworten.

Sekretär. Wir sind glücklich!

Mad. Siw. Wir sind es. Aber es ist mir unmöglich, guter unbefangener Mann, ganz glücklich zu seyn, wenn du nicht die Geschichte der letzten acht Tage weißt.

Sekretär. Ich weiß, daß du hier bleiben willst — hast du mir nun nicht alles erzählt?

Mad. Siw. Nein, mein Freund, du mußt alles wissen. Der unbegreifliche Zufall verwickelte —

Sekretär. Nicht doch! Die Geschichte einiger Zerstreuung — die Versuchung einer kleinen Eitelkeit — hat schon viel zu viel Aufhebens unter uns gemacht, als daß wir noch ein Wort darüber verlieren sollten.

Mad. Siw. Du könntest mich aber auch für fehlerhafter halten als ich bin, das —

Sekretär. Die Wahrheit zu sagen, du hattest mich ein wenig aus dem Gesicht verloren — ich bin dir erschienen — dein Herz führte dich in meine Arme — wir haben uns geküßt — alles ist gut! das ist die Geschichte.

Mad. Siw. Ich kann dir wenig sagen, aber ich hänge an dir mit einer Innigkeit, wie an dem Tage, da ich dir meine Hand gab!

Sekretär. Also — großes Fest in meinem Reiche! Und — da ich keine Gefangenen habe, um sie frey zu geben — so soll doch eine große arme Sünderin, die dir und mir viel Uebel hätte bereiten können, in dem großen Frieden mit begriffen seyn!

Mad. Siw. Ich verstehe dich! Ich danke dir für mich und meine Mutter. Nun habe ich keinen Wunsch mehr. Ich bin außer mir — ich verehre dich — ich segne dich! Mein Mann, mein Freund, mein Alles! Ich habe gar keinen Wunsch mehr. —

Sekretär. Wahrhaftig? nun so danke ich Gott mit Wasser im Auge — und wo Unfrieden redliche Herzen von einander gerissen hat — führe er sie zusammen wie mich und dich! Sie umarmen sich.

Dritter Auftritt.

Vorige. Jakob.

Sekretär. Ha! Es wird doch getrunken, alter Herr! Da — laß dir Wein holen, Wein, der Feuer hat und Milde, setze dich mit jemand, dem du gern in das Gesicht siehst, in den freundlichsten Winkel, den ich mein nennen kann, und trinkt auf unsere Zufriedenheit.

Jakob. Soll geschehen. — Aber draußen hält einer in einem Wagen.

Sekretär. Er soll heraus kommen, daher — mag seyn wer er will — diesen Mittag ist große Tafel —

Jakob. Er will auch daher kommen —

Sekretär. Wer ist es?

Jakob. Er nennt sich einen Minister —

Sekretär sieht seine Frau an.

Mad. Siw. Du bist nicht zu Hause.

Sekretär. Ich bin zu Hause — und — und du bist zu Hause. Seine Excellenz kommen zum Friedensfeste. Er geht.

Mad. Siw. Wenn mein Mann wieder kommt, so sage ihm — ich wäre nicht zu Hause. Sie geht ab.

Jakob. Nun da wird schon die Unwahrheit am Friedensfeste gesprochen!

Vierter Auftritt.

Minister von Bargen. Sekretär.

Minister. Ich kann für jetzt nicht lange verweilen, mein lieber Siward —

Jakob. Die Madam ist nicht zu Hause —

Sekretär. Geh doch —

Jakob geht.

Minister. Ohne Umstände mit mir —

Sekretär. Ihre Excellenz finden mich schon so. — Ohne sehr links zu seyn, kann ich mich nicht wohl anders nehmen.

Minister. Desto besser. Sie waren in der geheimen Kanzelley sonst angestellt —

Sekretär. Ehe Ihre Excellenz das Ministerium angetreten haben.

Minister. Warum haben Sie diese Laufbahn verlassen?

Sekretär. Warum dienen, wenn man sein eigen seyn kann?

Minister. Schade für Ihr Talent. Raning

hat mir noch gestern ein Memoire vorgelegt, das Sie in einer sehr kritischen Sache, mit großer Delikatesse und mit nicht mindrer Präzision und Energie, verfaßt haben. — Wir müssen Sie wieder haben.

Sekretär verbeugt sich und lächelt.

Minister. Ich werde, hoffe ich, die Muße finden, mit Ihnen darüber zu unterhandeln, wenn Sie anders meinen dringenden Wunsch erfüllen wollen, dessen Gewährung ganz von Ihnen abhängt.

Sekretär verbeugt sich. Ihre Excellenz —

Minister. Mein Befinden und mein Arzt zwingen mir eine Brunnenkur auf. Ich muß aus der Stadt in die freye Luft — darf, meiner Stelle wegen, nicht weit von der Residenz weg. Ihr Gütchen ist angenehm — liegt nahe — die Unterhaltung wackerer Menschen in den Abendstunden ist ein Gewinn, den der Arzt nicht berechnen konnte — den ich aber zu schätzen weiß.

Sekretär höflich. Diese Ehre —

Minister. Nein — es bleibt eine Last, das fühle ich wohl. Ich will sie aber vermindern, so viel es möglich ist. Nun — was sagen Sie zu dem Ganzen?

Sekretär. Ich wünsche, daß Ihro Excellenz Wohlseyn und Heil befördert seyn möge, wenn Sie mein Haus wieder verlassen werden.

Minister. Im Uebrigen — da Sie Sich von der städtischen Welt, wie ich höre, deßhalb zurück gezogen haben, um hier Sich selbst zu leben — so will ich das nicht stören. Leben Sie, wenn ich da seyn werde, wie Sie es sonst gewohnt sind.

Sekretär. Ich würde fürchten, Ihro Excellenz zu mißfallen, wenn ich in meiner Art zu seyn etwas ändern wollte.

Minister. Ganz recht. Die Mühe, die ich mache — die Unruhe — werde ich auf besondre Art vergüten.

Sekretär. Ich schmeichle mir, daß Ihre Excellenz mich in keinem Falle wie einen gewöhnlichen Wirth zu behandeln denken.

Minister. Bey Leibe! Aber — nun das wird sich arrangieren. — Sie — sind verheirathet.

Sekretär. Seit einigen Tagen meint meine Frau die Ehre gehabt zu haben, mit Ihro Excellenz einigemal zu sprechen.

Minister. Wie? — Richtig! — Man sieht denn so Manches. Sagen Sie ihr — daß ich keine Unruhe machen will. Der Hofrath Raning wird alle Details verabreden. Auf Wiedersehen, mein lieber Siward.

Sekretär geleitet ihn.

Minister. — O keine Begleitung! — Kann ich heute noch kommen?

Sekretär. Wann Ihre Excellenz wollen.

Minister. Schön.

Sekretär. Sagen Sie Ihrem Arzte — daß

Sie hier eine der glücklichsten Ehen im Lande finden würden, einen nie getrübten Frieden guter Seelen — der Anblick dieser Freude wäre es, worauf ich Ihre Heilung und Genesung von allem Uebel zu bauen Muth hätte.

Minister. Schön, mein Lieber. Ich gehöre also zum Hause — keine Begleitung! Ernstlich, ich verbitte sie. Er geht ab.

Sekretär verbeugt sich in der Thür, geht an die Thür, wo Madam Siward abging, besinnt sich, kehrt um und lehnt sich an den Fensterpfosten.

Fünfter Auftritt.

Sekretär. Madam Siward.

Mad. Siw. die sich vorher umsieht. Was hat er gewollt?

Sekretär. Eine Kleinigkeit: — er will hier den Brunnen trinken und bey uns wohnen.

Mad. Siw. erschrocken. Wohnen?

Sekretär. Wohnen.

Mad. Siw. Bist du es eingegangen?

Sekretär. Natürlich.

Mad. Siw. Aber —

Sekretär. Das mußte ich wohl.

Mad. Siw. Ich dächte, du hättest es ablehnen können.

Sekretär. Daß das nicht angeht, wußten die recht wohl, die ihm diese Wohnung anempfohlen haben. — Er kommt heute noch heraus — auch sein — Herr Raning — der die Details mit dir verabreden soll.

Mad. Siw. Ich kann dir nicht beschreiben, wie sehr das mir zuwider ist.

Sekretär. Hm!

Mad. Siw. Ludwig!

Sekretär. Man muß sich darein schicken.

Mad. Siw. Wir waren vorher so froh — so glücklich —

Sekretär. In der That, der Herr Minister hat uns gestört.

Mad. Siw. Wenn wir uns erklärten —

Sekretär. Es giebt Dinge, die durch Erklären schlimmer werden.

Mad. Siw. Sey versichert, daß ich diese Stimmung, in welcher du bist, durchaus nicht verdiene.

Sekretär. Es ist weniger die Rede vom Vergangenen als von der Zukunft. Indeß — Jakob! — Jakob! — Er ist nicht da. Er ruft aus dem Fenster. Jakob!

Mad. Siw. Soll ich —

Sekretär. Er kommt schon.

Sechster Auftritt.

Vorige. Jakob.

Jakob. Was beliebt?

Sekretär. Du mußt die Blumen da wegnehmen.

Mad. Siw. Laß sie doch da.

Sekretär fängt an abzunehmen. Das geht nicht an.

Jakob. Aber wir haben alles das so sorgfältig dahin gebracht.

Sekretär. Man thut ja wohl etwas vergeblich in der Welt.

Mad. Siw. Laß mir die Freude, daß die Blumen hier bleiben, Ludwig.

Sekretär. Es schickt sich nicht.

Mad. Siw. Ich begreife deinen Unwillen über diesen sehr unangenehmen Zufall; aber ich theile ihn mit dir — also bin ich mir bewußt, daß ich ihn nicht verdiene.

Sekretär. Ich glaube von allem was du jetzt sagst, daß du es empfindest — dennoch kann ich des Unmuthes jetzt nicht Herr werden. Unmuth hilft zu nichts — auch lasse ich mich so nicht gerne sehen — also gehe ich jetzt weg. Er geht ab.

Mad. Siw. mit Schmerz, nachdem sie ihm bis an die Thüre nachgesehen. Ach!

Jakob, der dasselbe thut, und dann Madam Siward ansieht. Madam — was heißt das?

Mad. Siw. Gott weiß es!

Jakob. Sollen diese Blumen da weg?

Mad. Siw. Thu, was mein Mann befohlen hat.

Jakob. Ich lasse mir es noch einmal befehlen. Wie wir die Blumen daher gebracht haben, war er so guten Muthes — wer weiß, er findet ihn hier wohl wieder, wenn er die Blumen wieder findet. Er geht ab.

Siebenter Auftritt.

Kommerzienrath Bellmann. Madam Siward.

Kommerzr. Halten zu Gute, ich finde draußen niemand — alle Thore und Thüren offen — Ach du schönes Vertrauen auf die liebe Menschheit! — Da sieht man es gleich, daß man nicht in der Stadt ist; denn dort muß man die Thür hinter sich verschließen, wenn man nur zum Fenster hinaus sielt.

Mad. Siw. Um Vergebung, mein Herr —

Kommerzr. Nun, Ihr Diener, liebe Cousine. — Wie geht es? Denken Sie auch noch an mich? Was gilts, Sie kennen mich nicht?

Mad. Siw. Nein, in der That, ich kenne Sie nicht.

Kommerzr. Ey du lieber Gott! Den Kommerzienrath Bellmann — den nahen Verwandten vom Vater her —

Mad. Siw. Ah so! — Es ist auch schon über zehn Jahr her —

Kommerzr. Ganz recht! und in der Zeit verwittert ein Kirchthurm, wie viel mehr ein armer Mensch! Wessen ist die Schuld? Ihre. Aber so geht es uns armen Leuten.

Mad. Siw. Herr Vetter —

Kommerzr. Vornehme Gutsbesitzer — reiche Leute. Wir sind nur arme Handelsleute — wir werden nicht geachtet.

Mad. Siw. Ich begreife wahrlich nicht — was —

Kommerzr. Und wären doch alle — ich und mein ganzes Haus, bey Tage und Nacht, mit Leib, Leben, Habe und Gut zu Diensten gewesen, haben jederzeit mit Liebe von Ihnen geredet. Ich und meine Kinder — sind oft zusammen hier am Gütchen vorbey spaziert, sind aber bey Leibe nicht herein gekommen. Ich habe nur die Kinder aufgehoben, daß sie über die Planken herein sehen konnten — dann sagte ich: — Seht Kinder, wie die gute Frau Cousine gesegnet ist — wie alles da steht — Sallat — und alle Gemüse — Bäume mit des lieben Gottes

Segen an Spalieren heran — und das schöne Haus! — Dann sind wir weiter gegangen, aber nicht herein — ja nicht herein.

Mad. Siw. Spotten Sie meiner?

Kommerzr. Ach liebe — Er küßt ihr die Hand. Da sey Gott für! Wir hatten nur nicht das Herz.

Mad. Siw. Und was verschafft mir heute das Vergnügen?

Kommerzr. Lieber Gott! — wo soll man Rath suchen, als bey den lieben Angehörigen? Sehen Sie, man plackt sich im Handel und Wandel — kriecht da unter — schlupft dort durch! Aber was hilfts? die Welt ist gar zu raffiniert, man bringt es nicht weit. Klägliche Prozente und saure Arbeit. Nun bin ich auf etwas verfallen —

Mad. Siw. So —

Kommerzr. Ja. — Neulich bin ich zur Erfrischung, und um zu spintisieren, wo etwas noch zu gewinnen seyn möchte, ein Bischen aus — und auf den Gottesacker spazieren gegangen. Da ist mir eingefallen, daß jetzt eigentlich die Hauptkrankheiten nicht mehr recht Mode sind. Wenigstens haben die halsbrechendsten Dinge viel gelindere und höflichere Namen bekommen. So sind auch die Kurarten anders geworden. Ferner giebt es auch viele, die Ehren und Zeitvertreibs halber Frühjahrs krank sind. — Was wollen die Herren Doktores machen? — Sie verschreiben Wasser, inn- und ausländische Brunnen.

Gut! Das hat mich auf den Gedanken gebracht, ob ich es nicht sollte durch Gott und gute Menschen dahin bringen können, ein Privilegium zu bekommen, daß kein Mensch als ich inländische Mineralwasser verkaufen dürfte. — Ach Gott! — dann würde ich ein steinreicher Mann!

Mad. Siw. Das glaube ich und wünsche es Ihnen.

Kommerzr. Wahrhaftig? Wünschen Sie es? Nun so sey ja Gott hundertfältig gedankt!

Mad. Siw. Warum sollte ich es nicht wünschen?

Kommerzr. Ach Gott! so bin ich geborgen, so bin ich ein glückseliger Mann!

Mad. Siw. Wie —

Kommerzr. Es kostet Ihnen nur ein Wort, so habe ich das Monopolium.

Mad Siw. Ich begreife Sie nicht.

Kommerzr. Sie werden doch für einen nächsten Verwandten ein Uebriges thun? Das weiß man ja, daß Sie es können. O es kömmt nur auf Sie an. — Sie dürfen nur einmal an der rechten Stelle lachen — so schreibt die Hand fiat — und ich bin steinreich. Ach so lachen Sie doch einmal für mich.

Mad. Siw. Erklären Sie Sich —

Kommerzr. Je nun, das ist ja weltkündig, daß unser Herr Gott Ihnen die Gnade verliehen hat, daß Sie nebst dem lieben Gemahl bey Seiner Excellenz, unserm Herrn Minister, in Gnaden stehen; also —

Mad. Siw. Unverschämter Mensch —

Kommerzr. Ey du gerechter — was ist das?

Mad. Siw. Gehn Sie — gehen Sie den Augenblick fort, oder ich rufe meinen Mann.

Kommerzr. Ey du mein Gott!

Mad. Siw. Fort, Elender!

Kommerzr. Beste Frau Cousine — ich verstehe Sie gar nicht —

Mad. Siw. Desto schlimmer für Sie —

Kommerzr. Ich bin so konsterniert — ich — Ey Cousine — Sie werden mir doch das Herzeleid nicht anthun, werden mich nicht so fortschicken?

Mad. Siw. Sie werden, hoff' ich, nicht die Frechheit haben, Sich noch zu verweilen —

Kommerzr. Ich habe einen expressen Wagen gemiethet —

Mad. Siw. Schändlich —

Kommerzr. Habe meine drey Kinder bey mir. — Ey Cousinchen, ich — ich will in den Krug gehen — warten — wiederkommen — ein Glas Bier trinken. Besinnen Sie Sich —

Mad. Siw. Fort!

Kommerzr. Nur keine Ungnade, liebe Cousine. Lassen Sie es mich und meine armen Kinder bey Seiner Excellenz nicht entgelten, wenn ich sollte wider Wissen etwas peccirt haben.

Mad. Siw. Ich verabscheue Sie —

Kommerzr. Ach mein kostbares Wasser-Monopol! — Der offenbare Reichthum vor Augen! — Ich komme hernach noch einmal wieder her. Nicht wahr? Ja! Ich wende was daran, Cousine. An das Wasser halte ich mich — den Wassergedanken lasse ich nicht mehr fahren. Er geht ab.

Mad. Siw. Das ist über alle Beschreibung schändlich! — Nein — es muß Spott seyn, was ihn dahin brachte. — Kann man einer Frau von Ehre — Aber dafür hält er mich ja nicht! Was habe ich denn gethan, daß man mich nicht dafür hält?

Achter Auftritt.

Räthin Bellmann. Madam Siward.

Mad. Siw. Der Kommerzienrath Bellmann war hier —

Räthin. Ist mir begegnet. —

Mad. Siw. Denken Sie, er verlangt meine Fürsprache bey dem Minister —

Räthin. Nun ja —

Mad. Siw. Mutter! und Sie glühen nicht vor Zorn und Scham?

Räthin. Wenn man in Ehren — denn die

Ehre muß man nur nie aus den Augen lassen und nächstdem die Ewigkeit — wenn man in Ehren den lieben Angehörigen dienen kann —

Mad. Siw. Lassen Sie mich das nicht gehört haben.

Räthin. Der Minister will hier wohnen?

Mad. Siw. erstaunt. Das wissen Sie?

Räthin lächelt. Sehr vermuthlich.

Mad. Siw. Mutter — das ist schrecklich?

Räthin. Wenn einmal mein Prozeß gewonnen ist —

Mad. Siw. Und mein guter Name verloren —

Räthin. Vor Gott muß man rein seyn — die Welt muß man mit der falschen Weltmünze auszahlen.

Mad. Siw. Ich sage Ihnen, ich werde den Minister nicht sehen.

Räthin. Was soll das? Das kommt jetzt nicht mehr auf dich an. Du bist Frau vom Hause und mußt die Honneurs machen.

Mad. Siw. Ich verachte die kleinlichen Eitelkeiten, die eine kurze Zeit meinen Blick auf sich gezogen haben. Die Ehre ist an die Stelle getreten.

Räthin. Bauernehre!

Mad. Siw. Sie ist am wenigsten zweydeutig.

Räthin. Die Sache ist einmal eingeleitet, und je einfältiger du dich benimmst, je mehr geräthst du in

Verlegenheit. Thu was du kannst, mich um das Meinige, dich um das Deinige zu bringen, und im Staube zu bleiben; ich will thun was ich kann, dich zu erheben. Sie geht und begegnet dem Hauptmann, der eben eintritt.

Neunter Auftritt.

Vorige. Hauptmann.

Räthin. Was beliebt?

Hauptm. Nichts von Ihnen.

Räthin. Soll dort bey meiner Tochter gepredigt werden?

Hauptm. Gefragt.

Räthin. Und dann?

Hauptm. Und dann — Alle Donnerwetter, gehen Sie! Um Ihrentwillen stehe ich nicht da.

Räthin. Und Sie sind mir nicht wichtig genug zu bleiben. Sie geht ab.

Zehnter Auftritt.

Hauptmann. Madam Siward.

Hauptm. Ist das wahr, daß der Minister von Bargen hier im Hause die Brunnenkur brauchen wird?

Mad. Siw. Leider — ja!

Hauptm. Ey!

Mad. Siw. Mein Mann meint, er habe nicht ausweichen können.

Hauptm. So möchte ich vor Freuden des Teufels werden!

Mad. Siw. Aber seyn Sie doch so gerecht —

Hauptm. Ey ja doch. Warum denn auch nicht? Gerecht und vergnügt. Glückselige Brunnenkur! Es lebe der Herr Vetter Minister!

Mad. Siw. mit gefalteten Händen. Onkel!

Hauptm. Heißa! da wirds hergehen! Getafelt — gespielt — musiciert — getanzt — die hohe Gnade — die hohe Ehre — Vivat Seine Excellenz und die excellente Prostitution.

Mad. Siw. Herr Onkel, Sie wollen, daß ich alle Geduld verliere.

Hauptm. Sie — verlieren sie nach der Schande, ich vorher — Dafür können Sie nicht; das ist der Unterschied zwischen einer Nähnadel und einem Degen.

Mad. Siw. Ich habe nichts mehr zu antworten. Sie geht.

Hauptm. Doch! Hält sie zurück.

Mad. Siw. Unbändiger Mann!

Hauptm. Wer bey eines braven Mannes heillosem Untergange nicht unbändig wird, ist ein schlechter Kerl.

Mad. Siw. Großer Gott! verdiene ich das?

Hauptm. Das weiß ich nicht. Wenn Sie aber nicht gefehlt hätten, so könnten die Sachen gar nicht so stehen. Das ist mir genug. — Ich habe Ihren Mann erzogen — alle meine Lebensfreude ist auf den Kopf gesetzt — mit Freude habe ich ihn bis daher gehen sehen. Was soll nun aus ihm werden? He!

Mad. Siw. Sie vergessen —

Hauptm. Halbe Tugend oder gar keine ist immer einerley. Wer darf sich brüsten, wenn er noch nicht so arg geworden ist, als er werden kann? He!

Mad. Siw. So unangenehm, so widerwärtig mir das Vergangene ist, so frage ich doch, was kann geschehen? —

Hauptm. Der Herr Minister zieht ein, seine Postzüge jagen meines Vetters Ackerpferde auf die Wiese, seine Köche schieben sein Leibgericht in die Ofenröhre, seine Trabanten saufen seinen Wein, er nimmt ihm Weib, Ehre und Freude —

Mad. Siw. Halten Sie ein —

Hauptm. Die gnädige Societät lacht uns aus — und ich kann mein Häuschen verkaufen, den Vetter vergessen, und, wenn eure Schande im Lande verkündet wird, die Mütze über die Augen ziehen und heulen und fluchen. Nicht wahr? Ah verdamme sie Gott, die falsche Ehrenhökerin, die daran Schuld ist!

Mad. Siw. Wollen Sie Sich sammeln? — Kann ich ein vernünftiges Wort mit Ihnen reden?

Hauptm. Ein ehrliches Wort. — Die klugen Worte schenke ich Ihnen alle.

Mad. Siw. Was muß ich thun, um Ihre Achtung ganz zu haben?

Hauptm. Dem Minister die Thüre vor der Nase zuschließen, zum Fenster hinausgucken und sagen: Ich bin nicht zu Hause.

Mad. Siw. zuckt die Schultern. Das wird mein Mann nicht zugeben.

Hauptm. Drum ists ein verlorner Handel, und ich will den verspielten Vetter vergessen, meinen Jagdsack umhängen, den Pudel mitnehmen, und ein Loblied auf die Weiber singen durch Berg und Thal. Er geht.

Mad. Siw. Ein Wort! — ich muß doch wohl den Mann sehr lieben, von dessen Onkel ich, bey besserm Bewußtseyn, solche Dinge anhören kann?

Hauptm. Nun ja — wie ihr denn so manchmal lieben könnt — Ein Bißchen Gutheit — ein Bißchen Sinnlichkeit — ein wenig Reue und Furcht —

ein wenig Weichlichkeit — eine Ebbe und Flut, die ich nicht besonders achte. Wer euch für das liebenswürdigste Spielwerk hält, ist klug. Wer auf eine Einzelne von euch seinen Lebensplan baut — ist ein Narr! Er geht heftig fort.

Mad. Siw. schlägt die Hände zusammen und folgt ihm langsam.

Dritter Aufzug.

Das Zimmer aus dem ersten Akt, mit schönen modernen Meublen.

Erster Auftritt.

Sekretär Siward. Hernach die Räthin.

Sekretär. Schon neu meubliert? Bravissimo! — Das geht ja über alle Erwartung glänzend und schnell! Atlaß — Gold — Lack. Bravo — Frau Schwiegermutter!

Räthin tritt ein. Herr Sohn, es muß noch ein Bett von bester Qualität geschafft werden, mit seidenen Umhängen, eine Standuhr, ein Kanapee von Damast für seiner Excellenz Zimmer — ein Sopha von feinem Zitz für Herrn Hofrath Raning —

Sekretär. Für den? Gar nichts. Und wie der Minister weg ist — fort mit diesem Tand da.

Räthin. Wenn Sie in die Stadt ziehen werden, so brauchen Sie —

Sekretär. Mißbrauchen Sie doch meine Geduld nicht länger.

Räthin. Noch Sie die meine.

Sekretär. Was ist das?

Räthin. Ja, ja! Wir sind nicht mehr allein, wir haben nun einen Rückenhalt. Man wird bald sehen, was ich gelte. Sie geht ab.

Sekretär lacht. Das ist doch eine Narrheit, die bis zum Bejammern kläglich ist.

Zweyter Auftritt.

Sekretär Siward. Hofrath Raning.

Hofrath nach einer kurzen Verbeugung höflich und empfindlich. Gut, daß ich Sie treffe; ich befinde mich in der äußersten Verlegenheit.

Sekretär nicht ohne Spott, aber mit Anstand. Mit Ihrem Savoir faire? Das ist unmöglich!

Hofrath. Des Herrn Ministers Excellenz sind selbst hier gewesen, — haben das Nöthige mit Ihnen gesprochen — sagen mir, daß sie hier wohnen werden — schicken mich, mit Madam Siward die Einrichtung zu verabreden. Ich komme deßhalb her — Madam empfängt mich — etwas sonderbar, in der That — und weiset mich an Sie.

Sekretär. An mich? Das führt nicht zur Sache.

Hofrath. Da sie es indeß gethan hat, so muß ich Sie bitten —

Sekretär. Mein Herr, das ist ein Irrthum. Sie wissen, daß die Frauen das ganze Inventarium der häuslichen Geräthschaften verwalten —

Hofrath. Eben darum —

Sekretär. Kann ich in der Sache für gar nichts gelten.

Hofrath. Was soll denn nun werden? Seine Excellenz werden in einer Stunde hier seyn. Die Bedienung, die Officen, alles ist schon auf dem Wege.

Sekretär. Ja, was machen wir nun?

Hofrath lebhaft. Sie sind aber denn doch Herr im Hause.

Sekretär. Am Ende freylich wohl! Aber sehen Sie nur, das laß' ich meiner Frau nie merken.

Hofrath. Wie Sie das für gut finden; indeß werden Sie ohne mein Zuthun begreifen, daß mit dem Herrn Minister nicht zu scherzen ist.

Sekretär. Da sey Gott für!

Hofrath. Kurz und gut, erklären Sie Sich, was soll aus der Sache werden?

Sekretär. Wie wäre es, da der ganze Handel einmal doch dort eingeleitet worden ist, wenn Sie Sich vollends an meine Frau Schwiegermutter wendeten?

Hofrath. Und an wen wird die mich schicken?

Sekretär. Sicher nicht an mich.

Hofrath. Der Herr Sekretär benehmen Sich sehr sonderbar.

Sekretär. Das halten Sie dem halben Landmann zu Gute. Wenn man einmal aus der Stadtroutine gekommen ist, so hat man alle Stichwörter verlernt, und weiß nicht recht einzufallen.

Hofrath. Der Herr Minister sind ein so überaus gnädiger Herr, daß sie —

Sekretär. Ueberaus — ganz recht.

Hofrath. Diese Periode könnte Ihrem Schicksal sehr günstig werden. —

Sekretär. So? In wie ferne?

Hofrath lächelnd, indem er mit einer Verbeugung abbricht. Sie scheinen ein Freund von Fragen.

Sekretär. Das sind gewöhnlich kritische Fälle, wo gewandte Leute nichts mehr zu antworten wissen.

Hofrath. Mein Herr Siward — ich bin reitzbar.

Sekretär. Nicht besonders.

Hofrath. Ich habe Ihnen bis jetzt Geduld bewiesen; aber —

Sekretär. Ich beklage Sie, daß die Sachen so liegen, daß Sie zur Geduld gezwungen sind. — Indeß will ich Ihnen meine Frau Schwiegermutter schicken, daß Sie Sich mit ihr bereden. Er geht ab.

Hofrath. Impertinenter — grober — erzgrober Bauer! — Das hat sich noch kein Mensch unterstanden! kein Mensch! Aber er soll es nicht umsonst gethan haben, bey Gott nicht!

Dritter Auftritt.

Räthin Bellmann. Hofrath.

Räthin freundlich. Mein Schwiegersohn sagt mir —

Hofrath. Kurz und gut, Madam, will Ihre Frau Tochter der Zuneigung des Herrn Ministers Gerechtigkeit geben oder nicht?

Räthin. Ach Gott! Sie sind außer Sich —

Hofrath. Ihre Tochter ziert sich, Herr Siward ist grob wie ein Matrose.

Räthin. Die Herkunft! Art läßt nicht von Art. — Eine halbe Stunde von hier — wohnen ja die nächsten lieben Angehörigen in der Runde — Schulmeister — Schulzen — lauter Lumpenleute. O lieber Gott, meine Familie dagegen! Ja, da ist der geringste —

Hofrath, der indeß verdrießlich auf und abging und mehreremal reden wollte, worauf aber die Räthin immer stärker anhebt, bis er zuletzt mit Gewalt anfängt. Genug — man läßt mich herum laufen, wie einen Narren, und am Ende dastehen, wie einen Gassenbettler. — Woran bin ich?

Räthin. Ach der massive Mensch!

Hofrath. Ich gebe mir kein Démenti gegen den Minister. Ihre Tochter muß meinetwegen scheinen, was Sie mich hoffen ließen, daß sie seyn würde; daß muß sie, oder ich erkläre Ihnen, daß ich mir Genugthuung schaffe.

Räthin. Ach, das wolle Gott nicht! Ich will alles anwenden. Nur eine kleine Geduld. Sehen Sie, der grobe Mensch ist in sich gegangen, hat alles mit Rosen aufgeputzt, und hat süße Redensarten dazu gehalten; dann hat das einfältige Kind geheult — und so ist sie jetzt wieder umgewendet.

Hofrath. Nun wenden Sie sie wieder zu uns. Ohnehin bleibt ihr nichts andres übrig, denn es ist unter den Leuten, daß sie die Passion des Ministers ist. Zurück kann sie nun gar nicht mehr, oder sie wäre eine Närrin.

Räthin. Gewiß muß es in Ehren durchgesetzt seyn, denn ich thue ja alles. Sehen Sie nur die schönen Stühle da an —

Hofrath. Ach, ich habe den Kuckuk —

Räthin. Die Tische —

Hofrath. Wegen Stühlen und Tischen kommen wir nicht.

Räthin. Nun — man sagt uur — die habe ich gekauft.

Hofrath. War unnöthig —

Räthin. Daß Gott! — und sie kosten ein Heidengeld!

Hofrath. Ihre Tochter —

Räthin. Nun — eben von den Stühlen zu

reden — Denken Sie um Gottes Willen, was er mir eben sagt — mein Schwiegersohn — wie der Minister fort ist, will er mir sie mit Fracht wieder schicken. O es ist ein Mensch ohne alle Conduite!

Hofrath. Das habe ich erfahren.

Räthin. Wenn man bedenkt, mein seliger Mann war doch Rath – und –

Hofrath. Reden Sie mit Ihrer Tochter — daß sie klug wird —

Räthin. Ja, Rath, wirklicher Rath! Jedermann estimirte uns für die ersten Personen im zweyten Range; und der Kerl, der —

Hofrath. Sagen Sie Ihrer Tochter, daß ihr Mann sie lächerlich machte —

Räthin. Ey und wie geht mir es!

Hofrath. Werfen Sie Zwiespalt unter die Leute, sonst kommen wir nicht zum Zweck.

Räthin. Ein Bißchen Zwiespalt? Sehr wohl.

Hofrath. Rangieren Sie die Zimmer.

Räthin. Sehr wohl.

Hofrath. Ich will dem Herrn Minister entgegen fahren.

Räthin. Sagen Sie nur Seiner Excellenz, daß ich gewiß eine Frau bin, die ihren Gott vor Augen hat —

Hofrath. Ach ja — Er will gehen.

Räthin hält ihn auf. Daß aber das zeitliche Wohl —

Hofrath. Richtig.

Räthin. Und der Respekt vor so einem Herrn —

Hofrath. Ich muß fort. —

Räthin. Ja — und wenn es sich schicken will, bringen Sie ihm doch meine Attention bey — hier — verstehen Sie mich — mit den altassenen Stühlen —

Hofrath. Ja doch, ja doch. *Er geht ab.*

Räthin *ihm nachrufend.* Daß ich diejenige bin, die Sie — *In der Thür eine tiefe Verbeugung.* Gehorsamste Dienerin. *Mit einem Seufzer umwendend und vorgehend.* Hat man nicht ein Kreuz, bis man seine Kinder zu Glück und Ehren bringt!

Vierter Auftritt.

Räthin. Mad. Siward.

Mad. Siw. Mama, das ertrage ich nicht. Bitterkeiten vom Onkel, Kälte vom Manne — das verdiene ich nicht.

Räthin. Gewiß nicht.

Mad. Siw. Was habe ich gesündigt?

Räthin. Nichts! Du bist ein verklärter Engel.

Mad. Siw. Der Minister hat einigemal mit mir gesprochen, gelacht, mir einen Fächer zerbrochen, und einen andern dafür gegeben. Die Stadt hat die Tage her mir gefallen, ich wollte dahin; meinem

Manne that das weh — ich bleibe gern da. Der Minister zieht da heraus. Ich habe das nicht gewußt. Haben Sie es gewußt, veranlaßt, gewollt, so sagen Sie es meinem Manne. Ich kann den Verdacht nicht ertragen, ich verdiene ihn nicht.

Räthin. Ich auch nicht.

Mad. Siw. Ich bin ganz vorwurfsfrey —

Räthin. Rein, wie der gefallene Schnee, eine arme Dulderin.

Mad. Siw. Und muß leiden, als wenn ich —

Räthin. Ja, und was hat denn das Ganze auf sich? Der gute, liebe Herr ist nun von deiner unschuldigen Seele eingenommen; das kann man ihm doch gönnen: sorgt und arbeitet er doch für so viele Tausende! Wenn er sich durchgearbeitet hat, durch Lug und Trug und Sorgen, Supplikanten und Feinde, so möchte er so zuletzt mit einer braven Frau ein Wort reden, zur Erholung — das ist alles. Das hätte in Ehren geschehen können, und Ehre und Glück bringen können bey Hohen und Niedern. Denn, sage selbst, hat der bescheidne Herr dir ein unfeines Wort gesagt?

Mad. Siw. zerstreut. Nein, das hat er nicht.

Räthin. Dein Mann hätte sein bester Freund werden können; denn Verstand hat dein Mann, das muß man sagen — und judiciert richtig von vielen Sachen. Er hätte im lieben Vaterlande als was Rechts gebraucht werden können. Die Ruhe und Hühner hätten ihr Futter hier gefressen, ohne daß ihr hättet dabey stehen bleiben müssen. Dahin habe ich es haben wollen; denn mit dem Prozeß und mit der Ehre, warum ist mir es dabey zu thun als um euer Glück? Sage selbst.

Mad. Siw. Ach!

Räthin. Aber bewahre Gott! — Da fallen wir mit der Tugend, wie mit einem Klotz drein — machen ein Feldgeschrey von Ehre — er und der alte Haudegen von Hauptmann — rumoren so von Pflichten und Schande, daß alle Nachbarn und Nachbarskinder auf die Madam Siward hinsehen — und fragen und zischeln, und meinen und lügen —

Mad. Siw. Das, das ist es ja eben, was mich martert —

Räthin. Ich sage dir es, wie nach einem brennenden Dache sehen und rennen die Menschen daher.

Mad. Siw. setzt sich. O Gott!

Räthin. Der dumme Junge, der Jakob, kommt vorhin sogar mit einem Feuereimerchen voll Zuspruch daher, und wollte löschen.

Mad. Siw. Ich überlebe es nicht!

Räthin. Du bist engelrein; aber seit der eigne Mann den Spektakel macht, wer wird es glauben? Und nun der gute Herr Minister, der daher kommt in aller Unschuld, denkt, „da komme ich einmal unter gute frohe Menschen,“ — nun werden alle Kettenhunde von Onkeln und Bekannten auf den armen Herrn losgelassen, er wird verächtlich behandelt, beleidigt, alles zeitliche Glück mit Füßen von sich gestoßen, und das alles, damit man die Tugend retten will, die weder — denn da sey Gott für — verletzt ist, noch verletzt werden soll.

Mad. Siw. Es ist wahr. Sie haben Recht! Aber was kann ich machen? Vorstellungen, Erklärungen meinem Manne zu machen —

Räthin seufzt. Hilft nichts.

Mad. Siw. Je mehr ich thäte, je schuldiger würde mich mein Mann glauben.

Räthin. Richtig.

Mad. Siw. Und am Ende, bei dem gerechtesten Bewußtseyn ist doch einer tugendhaften Frau auch einiges Selbstgefühl erlaubt.

Räthin. Nun — was habe ich denn immer gesagt? — Wirst du doch einmal klug?

Mad. Siw. Aber, um allem Gerücht aus dem Wege zu gehen, weiß ich kein besser Mittel, als ich will fort, und auf eine Weile zu meiner Tante reisen.

Räthin. Bey Leibe nicht!

Mad. Siw. Das ist fest beschlossen.

Räthin. Kind, Kind! So sagen ja die Leute, dein Mann hätte dich weggeschickt.

Mad. Siw. Meinetwegen.

Räthin. Er hätte dich wegsperren müssen,

wegen deines schlechten Wandels. Kind, bleib da, sonst bist du um Ehre und guten Namen.

Mad. Siw. Aber was soll ich denn thun? So kann es doch nicht bleiben.

Räthin. Das weiß Gott.

Mad. Siw. Und er soll bald eintreffen, der Minister.

Räthin. Nun — so rede mit deinem Manne, stelle ihm alles offenherzig vor. Er ist ja ein vernünftiger Mann. Versuche es, um des guten Namens willen ihn zur Wohlanständigkeit zu bringen. Sage ihm, daß sonst ja deine und seine Ehre dabey litte.

Mad. Siw. Wird er das nicht für heimliche Neigung zu dem Minister nehmen?

Räthin. Ey, wenn er dich so wenig kennt, da wäre er ja gar nicht werth, daß du mit ihm redest. Liebe Julie, bedenke doch, wer du bist — so ein Engel, so eine Seelenklarheit! Zur Frau hast du dich übergeben, aber nicht zur Magd verdingt.

Mad. Siw. Wenn er mich aber nun doch mißversteht? Ich will nicht mißverstanden seyn — ich ertrage es nicht.

Räthin. Wenn er denn doch ein Narr ist — nimm mir es nicht übel, die Geduld bricht mir aus — so frag den Narren — und sage: — „Nun so gieb Befehle, wie ich mich betragen soll;“ dann hast du vor Gott, deinem Herzen und der Liebe alles gethan, was bey Menschengedenken noch keine Frau gethan hat, die so ein Engel ist, wie du bist.

Fünfter Auftritt.

Vorige. Sekretär.

Räthin. Herr Sohn! Sie müssen ein vernünftig Wort mit Sich reden lassen, denn —

Sekretär. Mit Erlaubniß, ich will selbst ein vernünftig Wort reden, deßhalb bin ich gekommen.

Räthin. Nun so will ich weggehen —

Sekretär. Sie können zuhören —

Räthin. Ach nein, denn ich bin ja der Stein des Anstoßes —

Sekretär. Man fährt aus dem Wege —

Räthin. Und dann muß doch dieß und jenes zur Aufnahme des Herrn Ministers geschehen. Denn wenn er auch auf das Land zieht, so meint er doch damit nicht, daß er gerades Weges unter Bauernvolk kommt. Sie geht ab.

Sechster Auftritt.

Sekretär. Madam Siward.

Sekretär. Da ist der Barometer wieder gestiegen.

Mad. Siw. feierlich. Ludwig, sey gerecht und räume ein, daß —

Sekretär. Vor allen Dingen melde ich dir, daß mein bester Freund zurückgekommen ist.

Mad. Siw. Wer?

Sekretär. Meine gute Laune. Sie war vorhin ein Bischen abwesend, und in der Zeit habe ich manches verkehrt gemacht.

Mad. Siw. Es ist mir lieb, wenn du es fühlst. Du bist sehr ungerecht gegen mich gewesen.

Sekretär. In der That, das bin ich.

Mad. Siw. Wie du mich kennst, wie war es möglich, von mir zu argwöhnen, als hätte ich das Hierherkommen des Ministers vorher gewußt?

Sekretär. In übler Laune sieht man leicht schief — das habe ich gethan, und habe nicht eher Ruhe, bis ich dir das ehrlich gestanden habe. Das ist geschehen, und nun hoffe ich, soll sich alles Uebrige von selbst finden.

Mad. Siw. Die üble Laune kann wieder kommen —

Sekretär. Ich glaube nicht.

Mad. Siw. Es ist überhaupt ein kritisches Verhältniß —

Sekretär. Wenn wir offen und gutmüthig gegen einander seyn wollen — gar nicht.

Mad. Siw. Wie willst du, daß ich mich benehmen soll?

Sekretär. Wie du empfindest, daß du dich benehmen mußt.

Mad. Siw. Wenn ich mich gewaltsam verstecke —

Sekretär. Das darf nicht seyn.

Mad. Siw. Wenn ich unbefangen meine Geschäfte treibe, wie vorher —

Sekretär. So meine ich müßte es seyn.

Mad. Siw. Dann werde ich ab und an unsern Gast in meinem Wege finden —

Sekretär. Richtig.

Mad. Siw. Er wird mit mir reden —

Sekretär. Natürlich.

Mad. Siw. Er ist verbindlich —

Sekretär. Du wirst höflich seyn.

Mad. Siw. Er ist galant —

Sekretär. Dein Herz wird dir sagen, was zu thun ist.

Mad. Siw. Alles was vorgefallen ist, raubt mir die Unbefangenheit, mit der man so etwas leicht nimmt.

Sekretär. Liebe Julie, meine Ehrlichkeit, mein Vertrauen, meine gute Laune er reicht ihr die Hand. müssen dir alle Unbefangenheit wieder geben.

Mad. Siw. Du wirst mich mißverstehen —

Sekretär. Das ist unmöglich.

Mad. Siw. Die Eitelkeit meiner Mutter —

Sekretär. Wenn ich mich ein Bischen darüber geärgert habe, pflege ich viel darüber zu lachen.

Mad. Siw. Die üble Laune deines Onkels, selbst seine Liebe zu dir, werden dich aufhetzen.

Sekretär. Das könnte möglich seyn.

Mad. Siw. Und so werden wir traurige Tage leben.

Sekretär. Das will ich nicht haben. — Was? Du bist ein ehrliches Weib, wir sind gesund, jung, glücklich — bey allem was Vernunft und Ueberzeugung heißt, wir wollen nicht traurig seyn. — Genug nun. — Gehe im Hause umher, ordne, sieh nach — thue was deines Amts ist. Wenn ein schlechter Schalk uns mit dem Besuche des Ministers hat zu Grunde richten wollen, so fahre der Minister wieder heim, mit dem festen Glauben an häusliche Glückseligkeit. — Das kann sein Gutes haben für Tausende, und der gottlose Schalk verzweifle an Fröhlichkeit und Tugend! Er umarmt sie.

Mad. Siw. Ludwig!

Der Hauptmann tritt ein.

Sekretär ohne ihn zu sehen. Fröhlichkeit, das ist

die Fahne, zu der ich geschworen habe. Dieß Panier wehe hoch, wenn alles gut geht; und wenn wir einen Augenblick aus einander gerathen könnten, so wollen wir mit der Losung wieder zusammen treffen. — Akkord — der Handel ist geschlossen. Geh an deine Geschäfte.

Mad. Siw. Mit Muth, Glauben und Fröhlichkeit.

Siebenter Auftritt.

Hauptmann. Sekretär.

Hauptm. Fröhlichkeit? — Recht gut, wer es dabey lassen könnte!

Sekretär. Jeder, der den Willen dazu hat.

Hauptm. fest. Nein! Ich sage — nein!

Sekretär. Verlust — Zank — Bankerott — selbst der Tod hat eine helle Seite, wenn man sie sucht und finden will.

Hauptm. Zugestanden.

Sekretär. Unmuth sieht alles schwarz. — Daher die schrecklichen Katastrophen von Scheidung — Krankheit — alle die Qualen, die der Gram in uns ansetzt.

Hauptm. Darum Nachsicht gegen die Frau

und Geduld gegen das Ungeheuer von Schwiegermutter!

Sekretär. Sie ist ein armes Ungeheuer.

Hauptm. Da ist ein Herr Vetter Kommerzienrath angekommen —

Sekretär. Dem Narren habe ich die Meinung gesagt.

Hauptm. Was hat ihn hergeführt? Das allgemeine Gerücht von — ich kanns nicht aussprechen.

Sekretär. Nicht doch. — Raning hat ihn herbeschieden, mich zu ärgern — im Zorn mich Tollheiten begehen zu lassen. Das darf ihm nicht gelingen.

Hauptm. Ich bitte dich um Gottes Willen, begehe — was du Tollheiten nennst. Jage die Frau Schwiegermutter fort —

Sekretär. Wenn meine Frau von ihr verleitet werden könnte — ja. Das ist unmöglich; und es wäre ungerecht, in der Mutter der Frau weh zu thun.

Hauptm. Schaffe den Minister dir vom Halse! Geradezu!

Sekretär. Ehrenvoller ist es, den Kampf mit ihm aufzunehmen, in dem er beschämt unterliegen wird.

Hauptm. Du stehst anders.

Sekretär. Gewiß nicht.

Hauptm. So gewiß öffentliche Schande keine Ehre ist.

Sekretär. Mäßigung, Onkel, Mäßigung.

Hauptm. heftig. Es thut mir leid —

Sekretär. Was?

Hauptm. noch heftiger. Es thut mir sehr leid — aber ich kann nicht anders —

Sekretär. Ruhig — Onkel — ruhig.

Hauptm. Ich muß dich über den Haufen werfen. Da — Er giebt ihm einen Brief. nimm, lies — und sey dann fröhlich und ruhig, wenn du noch kannst. Ich zittre an allen Gliedern — ich kanns nicht länger verbergen — du bist verloren! — Er geht heftig von ihm an die Seite.

Sekretär, der den Brief, ohne ihn zu öffnen, hin und her gewendet und betrachtet hat. Dieser Zuspruch lautet freylich sehr bedenklich.

Hauptm. Die Sache ist bedenklich.

Sekretär. Onkel!

Hauptm., der nicht hingesehen hat. Hast du gelesen?

Sekretär. Nein.

Hauptm. auffahrend sich zu ihm wendend. Was?

Sekretär. Ist es gut, daß ich lese?

Hauptm. Nothwendig.

Sekretär. Werde ich glücklicher, wenn ich gelesen habe?

Hauptm. nach einer Pause. Ja.

Sekretär. Ich glaube es nicht. Es giebt so anonyme Freunde —

Hauptm. Er ist unterschrieben.

Sekretär. Unberufne Warner —

Hauptm. Major von Walter hat Kredit bey dir, wie bey mir.

Sekretär. Den hat er. Er ist ein Mann; *Er besieht den Brief und giebt ihn plötzlich dem Hauptmann.* und drum will ich den Brief nicht lesen.

Hauptm. Du fürchtest die Wahrheit!

Sekretär. Von einer und derselben Sache giebt es so verschiedene Begriffe.

Hauptm. *wüthend.* Es giebt Ehre und Schande,

Sekretär *überrascht.* Onkel! — *Er ergreift hastig seine Hand.*

Hauptm. Höre zu. *Liest:* „Herr Bruder, öffne doch deinem Vetter Siward die Augen. Hofrath Raning sagt der ganzen Stadt, daß die Siward die Erklärte des Ministers sey. Ich glaube das nicht. obschon die Frau hier sich unvorsichtig betragen hat; aber was vermag am Ende nicht die Pracht, die List und eine eitle Närrin von Mutter! Es ist ein förmlicher Rumor in der Stadt. Siward wird allgemein beklagt, doch begreift ihn niemand, da es nun gar heißt, daß der Minister hinaus zieht. Oeffne ihm die Augen.

Dein

von Walter."

Nun?

Sekretär überwältigt von Zorn und Gram, die er nicht ausbrechen lassen will. Einen Augenblick Geduld! Er geht an einen Tisch, auf den er sich mit beiden geballten Händen stützt.

Hauptm. Vetter!

Sekretär das Gesicht tiefer haltend. Gleich!

Hauptm. Einen Entschluß!

Man hört ein fröhlich Posthorn blasen.

Hauptm. Was ist das? Geht ans Fenster.
Sekretär. Der Minister! Fährt auf und geht heftig zwey Schritte.

Achter Auftritt.

Vorige. Räthin.

Räthin mit großem Aufheben. Ihr Leute, da kommen des Herrn Ministers Excellenz im hellen Gallopp angefahren.

Hauptm. führt sie etwas unsanft in die Mitte. Zum hellen Teufel! Sappermentskäfer!

Räthin. Was? Ey, Du — Sie ist draußen.

Neunter Auftritt.

Vorige ohne Räthin. Mad. Siward.

Mad. Siw. ruhig. Mein Freund, eben wird der Minister anfahren.

Sekretär, der sie eine kurze Weile ansieht. Das sagt man.

Mad. Siw. ihn und den Hauptmann wechselsweise ruhig betrachtend. Wollen wir — willst du ihn nicht empfangen?

Sekretär die Manschette vorziehend, höflich. O ja.

Mad. Siw. Ludwig!

Sekretär etwas ungestüm. Was?

Mad. Siw. — Fröhlichkeit — heißt das Panier! So sagtest du.

Sekretär. Ja. Indem er heftig ihre Hand ergreift. Fröhlichkeit! Er geht schnell mit ihr an die Thür, dort bleibt er stehen, wendet sich zum Hauptmann. Was kann sie dafür? Zu ihr. Es bleibt dabey — Indem er ihre Hand schüttelt, sehr gutmüthig: Fröhlichkeit! — Sie gehen ab.

Hauptm., indem er folgt. Tollheit! Er geht. Und drum nun — Hülfe mit Gewalt!

Zehnter Auftritt.

Hauptmann. Räthin.

Räthin. Sagen Sie mir nur —

Hauptm. Was? Sich umwendend Wieder da? —

Räthin. Ich muß Seine Excellenz empfangen.

Hauptm. Nein, daraus wird nichts.

Räthin. Das will ich sehen; darauf habe ich mich präpariert.

Hauptm. Drum eben, zur Strafe, wird nichts daraus.

Räthin geht dem Ausgange zu.

Hauptm. Den Arm, Dame!

Räthin widersetzt sich. Herr Hauptmann, nehmen Sie Sich in Acht —

Hauptm. nimmt ihre Hand. Ich führe Sie in den Garten —

Räthin. Ich muß den Herrn Minister empfangen. Sie stampft mit dem Fuße

Hauptm. ebenfalls. Absolut nicht!

Räthin. Was? Ey du Gerechter! Ich falle in Ohnmacht!

Hauptm. So trage ich Sie fort.

Räthin. Herr Hauptmann, ich vergreife mich. —

Hauptm. Das habe ich schon gethan. Er führt sie durch die Mitte fort.

Räthin zugleich draußen. Ich muß Seine Excellenz empfangen! Ihre Excellenz!

Hauptm. Sie sollen Seine Excellenz nicht empfangen.

Vierter Aufzug.

Eine ländliche Gegend, einzelne Bäume, im Hintergrunde eine Eremitage.

Erster Auftritt.

Der Minister kommt aus der Tiefe des Wäldchens mit lebhafter Unruhe hervor, er sucht jemand, er sieht in verschiedene Gänge zur Seite hinein, endlich erblickt er vorwärts an der Seite, außer der Bühne, den Hofrath. Er winkt ihn zu sich.

Minister. Hierher, — daher —

Hofrath tritt auf. Ihre Excellenz sind allein —

Minister. Nein — sie ist mit mir — ich denke nur sie. Raning, sie ist ein Engel!

Hofrath. Habe ich nicht Recht gehabt?

Minister. Sie gewinnt jeden Augenblick mehr, je länger man sie sieht.

Hofrath. Welche liebenswürdige Weiblichkeit! — So viel Talent — so wenig Ansprüche — die reitzendste Unbefangenheit, bei aller ächten ungezierten Sittsamkeit!

Minister. Das ist gut, das ist herrlich — aber — ich sehe nicht, daß ich jemals weiter mit ihr kommen werde; denn sie hat den Mann lieb, und das ist schlimm.

Hofrath. Mit der stillen Konversation — mit den Promenaden und Unterredungen im Begegnen kommen wir nicht weiter.

Minister. Ich habe allein mit ihr gesprochen — mich erklärt, und bin abgewiesen.

Hofrath. Weiberkünsteley.

Minister. Mit Würde abgewiesen, sage ich Ihnen.

Hofrath. Sie waren bis jetzt bloß der zärtliche Liebhaber; lassen Sie nun den glänzenden, reichen Liebhaber sich zeigen. Sinnlichkeit überwindet alle Grundsätze. Ländliche Feten, ungesucht, aber dennoch durch jeden Reitz städtischen Wohllebens erhöht, reitzen die Eitelkeit — zerstreuen —

Minister. So machen Sie denn, daß so etwas geschehe.

Hofrath. Eine Illumination dieses Wäldchens — zum Exempel —

Minister. Schön!

Hofrath. Alle Anstalten dazu habe ich mitnehmen lassen. — Hat das blendende Licht zerstreuet, ermüdet — dann reißt sanfte Musik die Seele hin. Im nämlichen Augenblicke bittet man sie denn, mit ihrer süßen Stimme uns zu entzücken. Sie singt —

die schöne stille Nacht, das Schwärmerische des Augenblicks, der Beyfall, welcher die liebe Sängerin bestürmt — selbst das Gaffen der Nachbarn — die Ehre — die Wuth des Mannes, in unserer Gegenwart von Ansehen und Wohlstand niedergekämpft — der Ungestüm, den er sich, sobald er mit ihr allein ist, sicher gegen sie erlauben wird — die eitle Mutter, die alles ins gehörige Licht setzen wird — es kann nicht fehlen, in kurzem sind die ersten Schwierigkeiten überwunden, und dann geht alles Uebrige von selbst.

Minister. Aber der Mann, wenn er nun entschieden sieht, daß er zu verlieren hat —

Hofrath. Ha, Ihre Excellenz — indem er anfängt deutlich zu begreifen, daß er etwas verlieren könne, muß er auch schon ziemlich alles verloren haben. Das Vertrauen auf die Frau ist so gut als weg. Der Stolz wird dazu kommen. Er wird nicht winseln noch künsteln — er wird mit Verachtung zurück stoßen — alles — vielleicht das sogar, was Sie ihm gerne geben würden — die reichlichste Versorgung.

Minister. Er wird — er wird — wir setzen das so sicher voraus —

Hofrath. Sehr sicher, denn Leute von Charakter, wie er, handeln auch konsequent —

Minister. Aber der Mensch hat seinen eignen Humor, darauf denken wir gar nicht.

Hofrath. Der Humor pflegt sich bey solchen Umständen zu verlieren. Wenn dergleichen Leute nur einmal die Fassung verloren haben, so berechnen sie alles schief und fallen hernach von einem dummen Streich in den andern.

Minister. Der Mann beweiset mir eine Art von Vertrauen, das mich mehr genirt, als die plumpste Eifersucht mir im Wege seyn würde.

Hofrath. Nun also! Er ergiebt sich in sein Schicksal, und dann ist hier das Elysium, wo Sie die Drangsale vergessen, die von Ihren schweren Arbeiten unzertrennlich sind.

Minister. Es wäre der Himmel auf der Welt. Aber — Raning — wie —

Hofrath. Was beunruhigt Ihre Excellenz noch?

Minister. Wenn gleichwohl die Frau ihn durchaus nicht verschmerzen könnte? —

Hofrath. Ihre Excellenz vergessen durchaus, was Sie selbst sind.

Minister. Hm! Sie sieht nicht aus, als ob sie das Interesse ihres Herzens einem Band und Stern aufopfern könnte.

Hofrath. Richtig. Auf dem Wege ginge es nicht. Aber alle die unnennbaren Kleinigkeiten, womit Rang und Reichthum, von persönlicher Liebenswürdigkeit begleitet, Herz und Sinne bestürmen — Doch wir verlieren die Zeit in Befürchtungen, die wir zum sichern Gewinn verwenden sollten; ich gehe zur Ausführung unsers Festes.

Minister. Es mag kosten was es wolle.

Hofrath. Noch eins. Mir besser Spiel gegen Siward zu machen, geruhen Sie ja mich so sehr als möglich zu distinguiren, damit er gewohnt werde, mich stets für das unmittelbare Organ Ihres Willens anzusehen.

Minister. Meinetwegen! Lächelt. Obschon ich denke, dafür werden Sie selbst wohl Sorge tragen. — Da kommt die Räthin — Schaffen Sie mir die Hexenaltmutter vom Leibe. Er geht ab.

Zweyter Auftritt.

Hofrath. Räthin.

Räthin, die mit einer Verbeugung eintritt, da der Minister geht. Ihre Ex — Weg ist er! Der liebe Herr — Sie sind doch wie Salpeter!

Hofrath. Nun wie steht es —

Räthin. Wegen meines Prozesses? Ja eben deshalb —

Hofrath. Nein, mit der Tochter, mit unserm Plane? he?

Räthin. Je nun, so, so! — Der Prozeß aber stand Anno 17 —

Hofrath. Jetzt 1799 steht Ihr Prozeß gut. Sagen Sie mir ein Wort vom Manne — Ist er gegen die Frau eifersüchtig, grob, unartig —

Räthin. Nein. Zugeknöpft bis an den Hals.

Hofrath. Was hat er im Schilde?

Räthin. Ich merke nichts.

Hofrath. Sonderbar!

Räthin. Mit Ihrer Erlaubniß, daß wir wieder auf den Proz —

Hofrath. Und die Frau?

Räthin. Ganz kontent. — Daß ich wieder auf den Prozeß komme, Anno ein tausend sieben —

Hofrath. Und der Onkel?

Räthin. Der Onkel? Ganz recht. Da kommen Sie auf das Wahre.

Hofrath. Wie so?

Räthin. Der Onkel hat mir den Magen verdorben Die alte Kanone! Ja, da kommen Sie auf das rechte Kapitel. Sehen Sie, eine Art von Profoß ist der Mann.

Hofrath. Hat er was gesagt —

Räthin. Ist Ihnen gefällig? Sie zeigt ihm den Arm. Regardieren Sie einmal — hier — da — dort — enfin blitzblau! So hat mich der ungeschliffene Mensch ergriffen und hinaus geführt.

Hofrath. Ey! — Sagen Sie, ist er deutlich gegen uns?

Räthin zeigt ihm den Arm. Deutlich? Da ist es ja zu sehen.

Hofrath. Ich meine, ob er —

Räthin. Sehen Sie, Herr Hofrath — lieber Herr Hofrath — wenn Sie dem seinen Gnadenthaler könnten auf einem Bergfestüngelchen, so hoch oben in klarer Luft, anweisen lassen —

Hofrath. O Gott ja!

Räthin. Daß er aus der Ebene hier wegkäme — Herr Hofrath, wenn Sie das könnten — sehen Sie, den Prozeß wollte ich fast drum fahren lassen, wenn ich nur den malitiösen alten Knecht mit einem Packpferdchen könnte auswandern sehen.

Hofrath. Also eigentlich wissen Sie nichts, was uns weiter brächte?

Räthin. Was sonst noch zu melden ist, will ich in einer Audienz Seiner Excellenz anzeigen. Ich bitte mich zu melden.

Hofrath. Aber wozu das?

Räthin. Erlauben Sie, Ehre will ich erlangen und die Tugend bewahren, denn ich lasse die Ewigkeit nicht aus dem Gesicht. Außer dem bilde ich mir ein, daß Sie für Sich gesorgt haben, ich will es bey der Occasion auch für mich.

Hofrath. Ich thue ja alles für Sie.

Räthin. O ich will Sie damit weiter nicht inkommodieren, sondern nunmehr Ihre Excellenz in Unterthänigkeit selbst bearbeiten.

Hofrath. Was Teufel —

Räthin. Es muß nämlich heute alles, was den Gewinn meines Prozesses anlangt, gesiegelt und geschrieben in meinen Händen seyn.

Hofrath. Es ist ja doch zum Henker eine Justizsache, wobey doch Formen zu beobachten sind.

Räthin. Sie können mir ja den Prozeß abkaufen, wenn Sie so gewiß wissen, daß ich ihn gewinnen soll.

Hofrath verlegen. O ja — nur —

Räthin. Gefälligst heute. Ich weiß, wie dergleichen geht. — Die Herren stehen manchmal früh auf — fahren nur spazieren, sagt man — ehe man sichs versieht, bringt der Kammerdiener einen gnädigen Gruß — holt die Equipage — weg sind sie.

Hofrath. Aber Sie sehen doch an allen Anstalten —

Räthin. Ist man nachher nun siebzehnmal am Hotel demüthig erschienen, so ist niemand zu Hause. Das achtzehnte Mal macht ein Schweizerkerl die Thüre zu, wie er nur das Gesicht erblickt, es schallt auch wohl noch so ein Schimpfwörtchen von innen heraus, und alle hohen Promessen werden ignoriert. Drum wird gefälligst — heute alles arrangiert. Sie verbeugt sich und geht ab. Dero Dienerin!

Hofrath. Daß ich die Leidenschaft des Ministers hierher gewendet habe, ist der einzige dumme

Streich, den ich in meinem Leben gemacht habe!
Er geht und stößt auf den Hauptmann.

Dritter Auftritt.

Hofrath. Hauptmann.

Hofrath. Ah — sieh da — vermuthlich der wackere Onkel Kapitän?

Hauptm. Kapitän Siward — der manchmal den Menschen auf den Leib rückt, die nicht wacker sind.

Hofrath. Bravo! Sie sind mein Mann.

Hauptm. Schwerlich.

Hofrath. Ich liebe alle Leute, die sich so annoncieren. Aber da Sie noch so rüstig sind, braver Kriegsmann, warum auf Pension? Warum nicht noch im Dienst?

Hauptm. Das gehört nicht daher. Im Uebrigen diene ich der Verwandtschaft, der Ehre, der Tugend, und zwar sehr entschlossen.

Hofrath. Wieder ausnehmend brav!

Hauptm. Nun denn brav und brav — so werde ich Ihnen immer näher rücken, bis —

Hofrath. Ein Wort, mein Theurer —

Hauptm. Kurz!

Hofrath. Wissen Sie, daß ich Sie recht gesucht habe?

Hauptm. So? Nun da bin ich.

Hofrath. Ich wünsche nämlich herzlich, daß Sie uns guten Rath geben möchten.

Hauptm. Ey!

Hofrath. Sie wissen, ich habe die Ehre, der Freund des Herrn Ministers zu seyn.

Hauptm. Sein guter Name und der unsere haben keinen ärgern Feind als Sie.

Hofrath. Wenn ich Ihnen das Gegentheil bewiese, wie?

Hauptm. Das müßte auf der Stelle geschehen.

Hofrath seufzt. Sie werden etwas von einem gewissen leidenschaftlichen Verhältniß bemerkt haben.

Hauptm. Ja, zum Teufel! Ich und mehrere, als mir erträglich ist — haben davon gehört, daß uns die Augen übergehen.

Hofrath. Lieber Himmel! Das macht den guten Sekretär nicht glücklich.

Hauptm. Allons — mein Degen spukt in der Scheide, weiter!

Hofrath. Nun so geben Sie mir einen Rath, wie könnte man zum gemeinschaftlichen Glück bewirken, daß das anders würde?

Hauptm. Wenn Seine Excellenz und Sie abziehen und niemals wieder kommen.

Hofrath. Haben Sie vergessen, daß Seine

Excellenz den Brunnen brauchen? Dabey kann man den Herrn nicht alterieren.

Hauptm. Aber ehrliche Leute zu Grunde richten, das sollte ihm bey dem Brunnen bekommen können? Donner und Wetter!

Hofrath. Mein Lieber, mit Fluchen ist hier nichts gethan. Genug, daß Sie mich zu allem Guten bereit finden. Seyn Sie jetzt nur still und in Zukunft offen gegen mich und vertraut, so wollen wir beide zusammen die Sache zum Ende bringen.

Hauptm. Das ist nichts.

Hofrath. Sie sehen — ich bin ein Biedermann.

Hauptm. Ich will Ihren Herren sprechen.

Hofrath. Wozu kann das führen?

Hauptm. Das weiß ich nicht. Vielleicht zum Ende.

Hofrath. Er ist Kavalier —

Hauptm. Der zuerst den Degen für eine gute Sache brauchte, war auch der erste Kavalier. Er schlägt an den Degen. Ob ich die Ahnenprobe habe, steht zu versuchen. Melden Sie mich.

Hofrath. Dem Herrn Minister? Mein Gott! Wozu soll —

Hauptm. Hm! Den Dienst leistet zwar der erste beste Lakey eben so gut. Adieu! Er geht.

Hofrath. Nein, nein, — ich will es auf der Stelle.

Hauptm. Und nun lassen Sie den Herrn Minister mit dem besten Manöver gegen mich anrücken, das Sie mit ihm studieren können — ich stehe gut im Feuer.

Hofrath. In Gottes Namen! Meine Redlichkeit habe ich gezeigt; was Sie nun doch verderben, ist Ihre Sache, davon sprechen Sie mich frey. Er geht ab. Ich schicke Ihnen Antwort nach Hause.

Hauptm. Häßlicher Judas — wenn ich dich an den Baum bringen könnte — zum Weltspektakel wie jenen Erzschelm — ich thäte es gewiß!

Vierter Auftritt.

Hauptmann. Sekretär, der von der entgegen gesetzten Seite, wo der Hofrath abgegangen ist, eintritt.

Sekretär etwas ernst. Sie gehen hier spazieren?

Hauptm. Auch wohl spionieren — ja! Ich gestehe, daß ich eine Unterredung des Ministers mit deiner Frau gehört habe. Er machte ihr Erklärungen — wie ein leidenschaftlicher Mensch sie nur machen kann, und sie antwortete wie eine brave Frau.

Sekretär. Das befremdet mich nicht.

Hauptm. Aber du befremdest mich. — Die Sache kann vor der Welt nicht so bleiben.

Sekretär. Gewiß nicht.

Hauptm. Nun und du thust nichts. Zornig. Du hast kein Herz!

Sekretär. Es gehört mehr Muth zur Ausdauer, als zum Dreinschlagen.

Hauptm. Schande oder Druck trägt nur ein Feiger. Einen Feigen verachte ich. Wenn ich dich verachten muß, was habe ich noch auf der Welt?

Sekretär. Geduld denn bis morgen.

Hauptm. Deine Sache leidet keinen Aufschub.

Sekretär. Geduld auf eine Stunde.

Hauptm. Nach einer Stunde — trete ich an deine Stelle.

Sekretär. Aber früher nicht.

Hauptm. Nein; denn ich möchte gerne sehen, daß du selbst deine Sache führtest.

Sekretär. Das Gefühl ist mir unentbehrlich. Nur noch ein Wort mit meiner Frau.

Hauptm. Ich will sie dir herschicken; denn hier ist doch die beste Gelegenheit den Menschen aus dem Wege zu gehen, wenns nöthig ist. Vetter — laß den Verstand weg — rede und thue von Herzen. Was daher kommt ist gut, und was gut ist, ist auch gescheidt. Er geht nach der Seite, wo der Sekretär hergekommen ist, ab

Sekretär. Nicht immer, guter Onkel, nicht immer! Brav ist meine Frau, und sehr gut — aber meine Sache steht doch nicht gut. Er fährt auf. Bey Gott, es muß anders werden, und das unmittelbar.

Gleichwohl — mit dem ersten besten tollen Streiche, den die Hitze eingiebt — ist da nichts gut gemacht — Seufzt. am wenigsten für die Zukunft — Was also anfangen?

Fünfter Auftritt.

Sekretär. Madam Siward.

Sekretär. Was also anfangen? — Sieh, mein Kind, das — und ich glaube noch eine Menge Dinge sonst — habe ich eben ganz laut zu mir selbst gesagt. Was jetzt anfangen?

Mad. Siw. Mir fehlt selbst der gute Muth. Ich weiß zu deiner Beruhigung gar nichts zu sagen. Der Brief an den Onkel ist abscheulich. Ich kann ihn gar nicht vergessen.

Sekretär. Ich auch nicht.

Mad. Siw. Er kostet mir schon so viel Thränen.

Sekretär. Er hat mir meinen guten Muth genommen, ohne den bin ich kraftlos.

Mad. Siw. Sieh — ich würde gleich dem Minister alles sagen, was ich für dich und meine Pflicht empfinde —

Sekretär. Du hast es schon gethan, und ich danke dir dafür, liebe Julie.

Mad. Siw. Ich würde ihn mit Anstand und

Ernst bitten, uns zu verlassen; denn meine Ehre und mein Gefühl fordern es, daß er sehr bald geht. Ich hätte dieß gethan, ohne dir etwas davon zu sagen; aber ich würde in diesem Betragen ein Intresse für ihn haben, das ich nicht haben will; also bleibt mir nichts, als dich zu bitten, bewirke du es, aber — auf eine Weise, die mich nicht für deine Ruhe, und am Ende für dein Leben besorgt machen kann. Erkläre dich gegen ihn mit Achtung und Herzlichkeit.

Sekretär. Das wäre längst geschehen — müßte ich nicht fürchten, daß sein ganzes gekränktes Gefühl erwachen, und daß er mir im Tone des Ministers sagen möchte: — „Was wollen Sie? Ich denke nicht an Ihre Frau! Sind Sie bey Sinnen?"

Mad Siw. Dann nenne ihm unsere Unterredung.

Sekretär. So wäre er als Lügner beschimpft. Ich weiß nicht, was er in dem Falle thun würde; aber ich weiß, daß ich dann, wenn er mir verächtlich geworden ist, für mich nicht mehr stehe. — Im ersten Falle würde ich lächerlich — und fast ertrage ich den Spott schwerer als Verläumdung. Im zweyten Falle — könnten wir beide sehr unglücklich werden. So steht jetzt die Sache.

Mad. Siw. Das ist schlimm, sehr schlimm! Denn über die Meinung — welche die Welt von mir gefaßt hat, können wir uns nicht hinaus setzen.

Sekretär. Bey Gott! wir dürfen es nicht. Der Minister muß fort.

Mad. Siw. — Ein einziger Augenblick, wo ich der Eitelkeit nachgegeben habe — Artigkeiten anzuhören, bey denen ich nichts empfand, als daß ich distinguiert wurde — hat dir diesen Kummer bereitet. Wirst du mir es je vergeben?

Sekretär. Du bist in dieser kleinen Verirrung so wahr, so treu, so gutmüthig, daß du mir so werth bist als jemals.

Mad. Siw. Ich danke dir, gute Seele! Sie seufzt. Aber die Welt! — Ich quäle mich mit allen Möglichkeiten, und finde nichts, wodurch ich vor der Welt ausgleichen kann, was du schon verziehen hast. Ach — die Welt ist nicht nachsichtig wie du, gütig und gerecht wie du!

Sekretär. Nur auf Einem Wege kann die Welt widerlegt werden — wenn von selbst — heute noch — ohne unser Zuthun — der Minister so plötzlich als er hierher gekommen ist — wieder hier weggeht.

Mad. Siw. Von selbst? Ohne unser Zuthun? — Wie ist das möglich zu machen?

Sekretär. Laß sehen. Er denkt nach. Das Schwerste ist oft das Möglichste. Er geht einige Schritte, und bleibt plötzlich stehen. Halt! Wie — wenn — Er schlägt in die Hände. Ja, ja, ja! Ich habe es — Umarme mich, das Mittel ist da! Es ist gefunden!

Mad. Siw. Gott Lob! Sie umarmt ihn. Aber wie —

Sekretär. Wie? Er! — Er selbst — Und warum dachte ich nicht früher — nicht gleich daran? —

Mad. Siw. So sag mir nur —

Sekretär. Er zieht fort — er geht fort — er ist schon fort! Federleicht ist das alles — lustig und interessant. Vivat! meine gute Laune ist wieder da — ich kann lachen und scherzen. — Wer leichten Muthes ist, ist Herr! Herr bin ich, Minister und Herrscher — Herr über den brüllenden Stadtpöbel, in meinem Hause, über den Zorn, über mein Schicksal, — ach! an diesem Busen, mit diesen Gefühlen Herr über die Welt! Er umarmt sie. Sey ruhig, sey lustig, sey fröhlich — scherze und tändle, lache und schwatze mit dem Minister — heut zieht er seines Weges, und morgen gebe ich ein Fest — an dem der Wein strömen soll.

Mad. Siw. Nun so erkläre mir denn, wie das werden soll.

Sekretär. Major von Walter soll aus dem großen Pokale auf Einen Zug die Gesundheit ausbringen: Das treue Weib — Julie Siward! — Ich will ihm Bescheid thun — und trinken — Frauenlob! meinen Arm um deinen Nacken schlingen, und preisen meinen Frieden, meine Seligkeit in deinem Besitz. Er geht Arm in Arm mit ihr. Zur Sache.

Sechster Auftritt.

Vorige. Hofrath.

Hofrath schnell und freundlich. Eben suche ich Sie —

Sekretär eben so. Und ich Sie.

Hofrath. So ist es ja ungemein erwünscht, daß wir uns hier treffen.

Sekretär. Außerordentlich erwünscht.

Hofrath. Könnte ich Ihnen doch beschreiben, wie Ihre Heiterkeit mich erfreut!

Sekretär. Sie sind die Ursache.

Hofrath. Ich? Gott sey Dank! Heute Morgen waren Sie von schwarzer Laune.

Sekretär. Jetzt ist alles rosenfarb was ich seh' und thue.

Hofrath zu Madam Siward. Ach unser lieber Siward ist scharmant, beste Frau!

Sekretär. Ich bin immer scharmant, wenn meine Dame neben mir steht.

Hofrath. Doch muß ich Sie beide auf einen Augenblick trennen.

Sekretär lacht. O Sie Schalk!

Hofrath. Dann einige Worte im Vertrauen —

Sekretär. Und ich habe auch ein Wort im Vertrauen.

Hofrath. Es ist ein Auftrag des Herrn Ministers.

Sekretär. Schön!

Hofrath. Es ist die Rede von einer Ueberraschung. —

Sekretär. Bey mir auch.

Hofrath. Spaß apart —

Sekretär. Auf Ehre.

Hofrath. Ja — was machen wir nun da?

Sekretär. Wir reden, mein Freund. — Geh, liebe Julie! Fröhlichkeit — ist das Panier — bey Gott! ich verlasse es nicht mehr. Lachend sieh mich kommen, denn — lachend komme ich zu dir.

Mad. Siw. geht ab

Siebenter Auftritt.

Sekretär. Hofrath.

Hofrath. Etwa eine kleine Partie? — Soll jemanden ein Tour gespielt werden?

Sekretär. Sie habens errathen.

Hofrath. Nun so erzählen Sie —

Sekretär. Ah — der Auftrag des Herrn Ministers geht vor.

Hofrath. Des Herrn Ministers Excellenz haben durch den angenehmen Aufenthalt, die bezaubernden

Anlagen — den balsamischen Duft hier — einen so angenehmen Eindruck empfangen —

Sekretär. In der That, der Ort ist dazu gemacht.

Hofrath. Sie sind so guter Laune, hoffen so viel für ihr gutes Befinden, und sind dabey von Ihrem gütigen Empfange so hingerissen, daß sie ihren lieben Wirthen sogleich einen Beweis ihrer Erkenntlichkeit ablegen möchten, der darin besteht, daß Seine Excellenz, mit Ihrer Erlaubniß, heute Abend dieses Wäldchen hier illuminieren lassen, und bei einer Musik mit Ihnen und allen Hausgenossen hier einen angenehmen Abend zubringen möchten, wo man denn spielen, essen, trinken, tanzen, singen kann — wer will, bis in den hellen Tag hinein.

Sekretär. Das ist überaus schön ausgedacht.

Hofrath. Seine Excellenz schmeicheln sich —

Sekretär. Das Lokale begünstigt es sehr —

Hofrath. Ungemein.

Sekretär. Ich erkenne darin ganz Ihre Angabe —

Hofrath. Ich bitte —

Sekretär. Ihre Generosität —

Hofrath. Sie beschämen mich —

Sekretär. So wie Ihre Gewalt und den alles vermögenden Einfluß auf Ihren guten Herrn.

Hofrath. Seine Excellenz erzeigen mir die Gnade, so wohl ab und an meine allerunterthänigste Meinung sich vertragen zu lassen —

Sekretär. Ey so lassen wir die Curialien, und verstehen wir uns denn endlich einmal, wenn wir mit einander zum Ziel kommen wollen; denn wir beide müssen doch einverstanden seyn.

Hofrath. Ach liebe Seele, er ergreift seine beiden Hände das ist ja mein Herzenswunsch!

Sekretär. Nun, wenn ich denn Zutrauen haben und von Ihnen etwas bitten soll —

Hofrath. Bitten — was Sie wollen — Sie bekommen es.

Sekretär. So gestehen Sie auch — was ja die ganze Welt weiß — daß Sie den Minister absolut beherrschen.

Hofrath. Absolut nicht — aber er lächelt. doch so —

Sekretär. Daß man auf das rechnen darf was Sie in seinem Namen versprechen.

Hofrath. O ja! O Gott ja! Wenn ich etwas verspreche — so gut als wenn er es selbst versprochen hätte. Schlägt ihn auf die Schulter. Nur nur heraus — nur begehrt —

Sekretär. Es ist freylich ein wenig viel —

Hofrath. Thut nichts. Noch so zaghaft nach allem was ich Ihnen gesagt habe, daß ich vermag?

Allons donc, courage mon ami, courage! Nur zu! Ich stehe für alles.

Sekretär. Gewiß?

Hofrath. Ein Wort!

Sekretär. Nun — so machen Sie, daß mir der Herr Minister die Ehre erzeigt, und Sie mit ihm —

Hofrath verbeugt sich. Bitte — bitte —

Sekretär. Heute, nach der Illumination und dem Souper, mein Haus auf der Stelle wieder zu verlassen, und für immer fortzugehen.

Hofrath sieht ihn an. Herr Siward — sind Sie rasend?

Sekretär. Da die Stadt glaubt, der Herr Minister wollte das Glück meines Hauses stören, so ist es das Interesse seiner Ehre zu gehen, damit jedermann sehe, daß die Stadt lügt. Da man sagt, daß Sie der Unterhändler und Verbreiter jener Lästerung auf meine Frau wären, so ist es Ihr Interesse, das alles durch Ihre Allmacht zu bewirken, und so dem Ehemann aus dem Wege zu gehen, der mit Degen oder Pistolen Ihnen lästig werden könnte.

Hofrath. Ich thue es nicht! Stark. Das thue ich nicht!

Sekretär. Theurer, werthester Herr Hofrath, Degen und Pistolen machen Löcher.

Hofrath. Wenn ich nicht will, so schlage ich mich nicht.

Sekretär. Ach bester Freund, seufzt. wenn ich will, so werden Sie geschlagen.

Hofrath. Was! Was Teufel —

Sekretär traurig. Und sehr — sehr —

Hofrath. Sie sollen an mich denken.

Sekretär. Ach wenn ich nur Sie nicht sehe. — Jetzt, mein Herr — Sie ennuyiren mich — Ihre Hofhaltung ist heute noch mit blasenden Postillionen auf dem Rückwege pour jamais — oder Sie haben bey dem schweren Geschäft der Fete unter Schalmeyen und Hörnerklang — einen harten Ritterschlag zu bestehen. Er geht ab.

Hofrath. In dem Kerl ist der Teufel! — Was fange ich an? Er ist im Stande Wort zu halten. Und der Minister? — Hm! der besucht mich täglich am Krankenbett — lacht aber über meine Prügel! Verflucht!

Achter Auftritt.

Minister. Hofrath.

Minister. Haben Sie Siwarden gesprochen?

Hofrath verlegen. So eben.

Minister. Nun, was sagt er zu meiner Fete?

Hofrath. Sie ist ihm recht.

Minister. Wirklich?

Hofrath. Es wäre ihm, glaube ich, auch recht, wenn sie nicht wäre — Es ist ein Mensch ohne Sinn und Gefühl. —

Minister. Desto besser für uns.

Hofrath. Ich weiß nicht.

Minister. Arrangieren Sie nun einen Ball auf übermorgen, und proponieren mir eine Gesellschaft.

Hofrath. Ihre Excellenz haben zu befehlen.

Minister. Sie sind sehr einsylbig, Herr Hofrath.

Hofrath. Ihre Excellenz entschuldigen, die Luft scheint mir hier sehr drückend —

Minister. Ich finde sie sehr leicht.

Neunter Auftritt.

Vorige. Räthin.

Räthin. So bin ich denn endlich so glücklich —

Minister. Ich werde noch hernach die Ehre haben — Es wird schon spät. Nicht wahr, Raning?

Räthin. Auf Schritt und Tritt bin ich Hochdenselben gefolgt, um mich nur zu expliciren —

Hofrath. Seine Excellenz sind eben jetzt sehr pressiert. —

Minister. In der That — sehr.

Räthin. Nun so bitte ich mich nur zu exküsieren, daß ich bey Hochdero Empfang nicht zugegen war. Meine Schuld ist es nicht, es ist —

Minister. Hat gar nichts auf sich. — Kommen Sie, Raning.

Räthin. Es befindet sich hier ein gewisser grober Kapitän — der mich hinderte —

Minister. Ein andermal, Madam.

Räthin. Nun aber mein Prozeß —

Minister. Was für ein Prozeß —

Hofrath. Aber Sie sehen ja — daß der Herr jetzt eilt.

Räthin. Aus dem siebenjährigen Kriege, wovon mir versprochen ist, daß ich ihn gewinne.

Hofrath. Sie haben doch gehört, daß der Herr Minister heute Abend hier eine große Fete geben?

Räthin. So etwas. Aber —

Hofrath. Seine Excellenz wollen, daß Sie dabey die Honneurs machen.

Räthin verneigt sich schmunzelnd. Ach Gott, ich bin so penetriert von Dankgefühl —

Minister. Auf Wiedersehen also. Er geht ab.

Hofrath. Das wird den Kapitän ärgern. Er geht ab.

Räthin verbeugt sich von dem Augenblick an, wo der Minister abgeht. Die Honneurs — bey Seiner Excellenz — die Honneurs! Nun so danke ich Gott mit Thränen für die Satisfaktion, daß doch der Pöbel sieht, wozu ich zu gebrauchen bin! Sie will gehen.

Zehnter Auftritt.

Sekretär von der Mitte. Hauptmann von der Seite. Räthin.

Räthin. Herr Sohn, ich mache auf Seiner Excellenz Verlangen für Hochdieselben die Honneurs bey der Fete.

Sekretär. Ganz recht.
Hauptm. Fete? Fete?

Sekretär rasch. Ja eine Fete! Er giebt ihm ein Papier. und dabey wollen wir nicht müßig seyn. Hier sind eine Menge Aufträge für Sie; ich bitte, daß Sie, lieber Onkel, unsere Honneurs machen, wie ich es hier geordnet habe.

Hauptm. durchließt das Papier.

Sekretär. Mein Pferd steht gesattelt — Fort Onkel — ventre à terre hin und zurück — mein Postzug folgt im hellen Trabe. Schaffen Sie mir meine Leute — ich arbeite und ordne hier.

Räthin. Man sieht also, daß gewisse Leute an ihren Platz erhoben werden, wenn schon das gemeine

Volk sie malitiöser Weise hat opprimieren wollen. Das ist meine Satisfaktion. Geht schnell ab.

Hauptm. schüttelt den Kopf. Was soll das da? auf das Papier deutend.

Sekretär. Onkel! Lassen Sie mich meine Sache auf meine Weise machen. Gelingt mein Einfall — so ist alles glänzend widerlegt, was die Verläumdung aufgebracht hat. Gelingt er nicht — so seyn Sie dann mein Sekundant. Sie waren es ja durch Jahre in Freude und Leid. Er geht ab.

Hauptm. umarmt ihn im Gehen. In Leben und Tod!

Fünfter Aufzug.

Das Zimmer mit den Atlaßstühlen, Lichter auf dem Tische.

Erster Auftritt.

Räthin kommt außer sich mit ausgebreiten Armen herein. Steh mir Gott bey! was ist das? Sie setzt sich entkräftet. Außer mir bin ich — von Sinnen komme ich! O Schmach — o ewiges Skandal!

Zweyter Auftritt.

Räthin. Hofrath.

Hofrath von der andern Seite, lebhaft, unruhig, ängstlich. Madam, ich bitte mir aus, schaffen Sie Rath — denn so etwas ist mir noch nicht vorgekommen.

Räthin steht auf und geht hastig auf ihn zu. Mir auch nicht; darum müssen Sie einen Ausweg schaffen, oder ich bin des blassen Todes, hier vor Ihren Augen.

Hofrath. Das kann ich nicht.

Räthin. Warum nicht? Freylich können Sie es, kein Mensch als Sie!

Hofrath. Zum Henker — mein ganzer Kredit steht auf der Spitze —

Räthin. Richtig! Drum schaffen Sie alles zum Hause hinaus!

Hofrath. Madam, sind Sie bey Sinnen?

Räthin. Rasend! Alles schaffen Sie fort, und zwar gleich!

Hofrath. Ich soll den Minister wegschaffen? Toll müßte ich seyn, wenn ich es wollte!

Räthin. Mein Gott, wer redet von Seiner Excellenz?

Hofrath. Sie!

Räthin. Ach nein!

Hofrath. Sie und Ihr verrückter Schwiegersohn. Ich soll den Minister hier weg, zurück in die Stadt schaffen —

Räthin. Ey du mein Gott!

Hofrath. Oder er will mich todt schlagen.

Räthin. Das wäre denn auf die Weise ein neues Malheur.

Hofrath. Freylich.

Räthin. Davon weiß ich kein Wort.

Hofrath. Aber Sie wollen ja auch, daß wir fort sollen.

Räthin. Ich denke nicht an einen solchen Frevel.

Hofrath. Von was haben Sie denn vorhin gesprochen?

Räthin. Sie wissen es also noch nicht? Wieder ein besonderes Malheur. Um Ehre und guten Namen bringt mich mein Schwiegersohn! Seine halbe Ackerfamilie hat er zu dem Feste einladen lassen.

Hofrath. Was ist das?

Räthin. Ach Sie sehen mich ja mehr todt als lebendig. Ganz gemeines Bauernvolk. — Unten stäubt sich das Gesindel ab — scharrt mit den Füßen, giebt den Handschlag — brüllt wie — losgelassene Thiere. — Ein Schulmeister — seine Kinder — ein Dorfschulze — einen ganzen Leiterwagen von dem Gezücht hat er kommen lassen.

Hofrath. Ist der Mensch toll?

Räthin. Besessen ist er! Eine halbe Stunde von hier wohnen die Unglücklichen. Der Herr Kapitän ist als Kurier hingeschickt, hat sie geholt. Meine Tochter hat sie bewillkommt. Er — hat ihnen Blumensträuße an den Magen gesteckt. — Die Weiber — ach bester Herr Hofrath! sie starren in Kallmank und Tamis — Ziehhauben haben sie auf. — Die Jungen — die Höllenbrut — schaukeln sich in des Herrn Ministers Karosse — Mit Einem Worte, ich bin todt — Uebermorgen giebt es hier eine Leiche — die stelle ich vor.

Hofrath. Mein Verstand steht still.

Räthin. Ich habe schon keinen mehr. Ich soll die Honneurs machen, wollen Seine Excellenz! Ich! die Räthin Bellmann, solchem Volk Honneurs machen! — Morgen bin ich todt!

Hofrath. Bekümmern Sie Sich um den Minister und um sonst niemand.

Räthin. Richtig! Zu Seiner Excellenz, da gehöre ich hin, das ist wahr.

Hofrath. Aber wenn der desperate Mensch Wort hält — und das ist er im Stande, und mich, wenn ich den Minister nicht wegschaffe, vor alle dem Gesindel thätlich injuriert —

Räthin zornig. Das wollen wir einmal sehen! —

Hofrath. Teufel auch, das sollen Sie nicht sehen! —

Räthin. So weit lassen Sie es kommen —

Hofrath. Daß ich durchgeprügelt werde? —

Räthin. Dann stecken Sie den ungeschliffnen Menschen in den Thurm — dann hat ers!

Hofrath. Aber ich habe es vorher.

Räthin. Sie können ja jederzeit einen Sukkurs von der Livree neben Sich gehen lassen. —

Hofrath. Das ist nichts.

Räthin. Und die — o lieber Herr Hofrath — die fassen denn in der Ersten Furie meinen Herrn

Kapitän auf und tragen ihn in das Schilfgräbchen hinein. Sehen Sie, wenn dem Manne mit der Occasion ein Affront geschähe — ich wollte mir ja gern im Tumult auch einen Puff gefallen lassen.

Hofrath. Da sind wir verschiedener Meinung: ich will nicht lädiert seyn, sage ich Ihnen.

Räthin. Geben Sie mir nur einen Rath, wie ich mich gegen das Pack benehme, das er da hat ankommen lassen.

Hofrath. Mein Gott! Sie thun, als wenn Ihnen die großes Vergnügen machten.

Räthin. Das bin ich nicht kapabel. Die Bauern sind gegen meine Natur; das ist in meinem Geblüt.

Hofrath. Er will uns mit seinen Gästen dekontenancieren. Nun und wir? lassen uns nicht dekontenancieren, sondern amüsiren uns mit dem Pöbel: so steht er im Nachtheil, und wir sind oben auf.

Räthin. Nun ja, wenn die Fete angeht, will ich mich so geberden; denn Leute von Rang müssen sich dissimulieren können. Aber das nehmen Sie mir nicht übel, vor den Honneurs so unter uns, will ich dem Volk erst das Leben sauer machen. Das liegt in der Natur, und Leute von Rang können recht gröblich verfahren, wo sie nicht repräsentieren; das habe ich vielfältig erlebt.

Hofrath. Aber die Injurie, die er mir angedroht hat —

Räthin. Will er sich etwas unterfangen — so fordern Sie ihn heraus.

Hofrath. Mein Gott, das ist ja verboten!

Räthin. Ja so!

Dritter Auftritt.

Vorige. Sekretär.

Sekretär. Herr Hofrath, ich komme, Ihnen etwas Angenehmes zu sagen.

Hofrath. Mir sehr lieb, wenn Sie finden, daß es endlich dazu Zeit ist.

Sekretär. Ich thue es übrigens, weil es meine Frau gern sieht, mit der ich jetzt mehr zufrieden bin als jemals, und außerdem — weil es mich amüsiert, daß ich Ihrer nicht bedarf.

Räthin heftig. Herr Sohn, menagieren Sie Sich!

Sekretär. Das wollte ich Ihnen eben rathen, denn Sie haben noch brilliante Geschäfte vor Sich.

Räthin mit Ingrimm. Nach dem arrivierten Leiterwagen zu urtheilen — mehr skandalös als brilliant.

Hofrath zur Räthin. Lassen wir das! Verbindlich zum Sekretär. Das Angenehme, was Sie mir sagen wollten?

Sekretär. Ist, daß ich ganz und gar nicht mehr darauf bestehe, daß Seine Excellenz und ihr Gefolge durch Sie bewogen werden, hier wegzugehen.

Hofrath erleichtert. Bey Gott, es wäre mir auch eine Unmöglichkeit gewesen. Noch so eben haben Seine Excellenz mir Plane und Bestellung auf vierzehn Tage gegeben.

Sekretär. Sie werden morgen reisen.

Hofrath erstaunt und verlegen. Aber ich sage Ihnen —

Sekretär kalt. Vielleicht auch diese Nacht noch.

Hofrath. Sie sind mir unbegreiflich, Herr Siward.

Sekretär. Das hoffe ich auch. Uebrigens können Sie, so viel Ihre Figur anlangt, dem Feste ganz ruhig beywohnen. Sie haben seit unsrer letzten Unterredung mit beträchtlicher Höllenangst Ihrem Gebieter gegenüber gestanden; daran mag es genug seyn. Mit Ihnen habe ich nun nichts mehr zu thun. Untersuchen Sie ein andermal den Grund und Boden besser, wenn Sie eine ähnliche Entreprise wagen wollen, und danken Sie meinem Humor, daß Sie bey dieser mit Schamröthe abkommen, wenn anders das Erröthen noch Ihr Fall ist. Er geht ab.

Vierter Auftritt.

Vorige ohne den Sekretär.

Räthin. Was ist das nun wieder?

Hofrath. Ein sehr angenehmes Ereigniß, für jemand der sich boxen will.

Räthin. Er will den Herrn wegschaffen? Er?

Hofrath. Angenehme Träume sind seine Sache.

Räthin. Aber meine Aussichten, meine Plane, mein Prozeß — wie wird es damit?

Hofrath. Werthe Frau Räthin — ich will wohl allenfalls noch thun was ich kann; aber jetzt ist es Zeit, Ihnen zu sagen, daß Sie mich im Punkt des Einflusses, den Sie hier im Hause zu haben vorgeben, getäuscht haben. Sie gelten hier gar nichts, und auf Ihren Einfluß war mein Plan gebaut. Sie sind Schuld, daß er scheitert. Indeß machen Sie jetzt nur standhaft die Honneurs; das Uebrige folgt sich dann ganz natürlich. Er geht ab.

Räthin. Ey du Gerechter! mit welch einem Verhängniß soll ich bekannt werden? Auf der einen Seite dunkle Repliken, mit Stachelworten vermischt; auf der andern Seite feine courtoisie, mit vagabundischem Trug meliert — die korporalischen Handgriffe des Herrn Kapitäns, welche ins Bläuliche spielen — der Prozeß verloren! Da bliebe einer ehrlichen Frau nichts anders übrig, als zum Trost und Rath sich einem Beichtvater zu decouvrieren. Sie geht, ihr entgegen rennen David und Liese.

Fünfter Auftritt.

Räthin. David und Liese.

Räthin, welche, wie die Kinder den Schritt in das Zimmer setzen, stehen bleibt und die Hände gen Himmel hebt. Da haben wir die Bescherung!

Liese und **David** bleiben erschrocken stehen, und sagen zu einander: Was will die?

Räthin. Brecht nur die Hälse nicht! Wo sind denn eure lieben Aeltern?

Liese geht an einen Stuhl und faßt ihn an. Wir wissen es nicht.

David geht an einen andern Stuhl und streichelt den Atlas. Fühle nur, Liese, wie glatt!

Räthin. Wahre Hottentotten!

Sechster Auftritt.

Vorige. Der Schulmeister, seine Frau, zwey Jungen. Der Schulz, seine Frau.

Räthin. Da kommen sie alle — jetzt versinke ich!

Alle durch einander. Grüße Sie Gott, Frau Räthin! Wie steht das Leben? — Noch frisch und gesund? Die Alten geben ihr die Hand.

Räthin. Schreyt nur nicht wie am Spieße! Sie macht ihre Hände los. Wenn mich die Familie ferner mit Händedrücken regaliert, so werde ich heute noch geradebrecht.

Schulz. Nun, nun — Sie braucht Sich nicht zu opponieren, wenn Sie nicht gegrüßt seyn will; wir könnens bleiben lassen.

Schulmeister. In omnibus wie der Schulz.

Schulzin. Es soll hier ein Wesen mit Lichtern geben — wie wir vernehmen.

Schulmeisterin. Und der blinde Mann mit dem Horn ist herbestellt — etliche mit Geigen und Schalmeyen — einer mit der Flötedufe, auch der Mann mit dem Dudelsack. Es wird also was recht Starkes von einer Musik geben.

Schulmeister Derohalben bin ich herbeschieden nebst meiner Jugend. Seyd Ihr alle da?

Alle Kinder. Alle, alle, alle.

Räthin. Ich bitte euch um Gottes Willen! Der Minister sind ja hier.

Schulzin. Das wissen wir wohl.

Schulmeisterin. Den wollen wir mit besehen.

Räthin. Ihr Leute, sagt einmal, was wollt ihr hier?

Schulz. Wir sind eingeladen.

Schulzin. Die Frau Siward hat uns immer gern gesehn.

Schulmeisterin. Hat uns recht herzlich die Hand gedrückt.

Schulz. Und mit Einem Worte — warum soll ich nicht auch da seyn? Ich bin ein Mensch, so gut wie andere.

Schulmeister. In omnibus wie der Schulz.

Räthin. Aber nehmt doch Raison an — Ihr müßt hinten stehen — dürft nicht mitsprechen, müßt euch beständig von den Bedienten auf die Füße treten lassen —

Schulz. Hm! Einmal werden die Füße zurück gezogen, das zweyte Mal giebt es einen Klapps.

Schulmeister. Zu selbst eigner, derer Füße Conservation.

Räthin. Hört mich an. — Ich will euch einen bedeckten Wagen bezahlen — packt euch dahinein —

ich will euch einen Eimer Wein mit hinauf geben lassen, Kuchen im Ueberfluß, jedem von den Weibern ein Halstuch, den beiden Männern jedem ein Schaustück, wo Kaiser Leopoldus der Große darauf abgebildet ist, jedem Kinde drey Groschen. Es ist ein Kapital! Aber die Rechte soll nicht wissen, was die Linke thut; nur schleicht euch die Treppe hinunter über den Hof, und lagert euch an den Katzenberg, wo ich alles hinschicken will, fahrt in Gottes Namen in eure Hütten, daß euch der Herr nicht zu Gesichte kriegt.

Die Weiber. Wir bleiben da.

Alle Kinder. Wir wollen hier essen.

David. Und trinken.

Liese. Und springen.

Räthin. Ich gebe den Geist auf!

Schulzin. Wir haben Sonntagsröcke an.

Schulmeisterin. Sind auch Menschen.

Schulz. Und wollen hier recht lustig seyn.

Schulmeister. In omnibus wie der Schulz.

Die Weiber. Was? wir habens auch gesagt. —

Schulmeister. In omnibus wie die Weiber!

David. Gehts bald los?

Liese. Die Lichter brennen schon.

Alle Kinder. Juchhe! Juchhe!

Räthin. Das ist zum Gotterbarmen!

Siebenter Auftritt.

Vorige. Hofrath.

Hofrath. Ist denn hier der Teufel los?

Die Alten grüßen mit dem Kopf, die Kinder scharren mit den Füßen, bücken sich tief und bleiben so stehen.

Räthin. Die Rotte Korah! sehen Sie, Herr Hofrath, hier steht sie aufmarschiert.

Schulz. Steht gerade, Jungens, der ist nicht der Rechte.

Achter Auftritt.

Vorige. Ein Jäger.

Der Jäger. Es ist alles fertig. Wenn Seine Excellenz —

Hofrath. Meldet es ihm.

Der Jäger geht zum Minister.

Die Kinder. Aber jetzt —
Andere. Potz Teufel!
David. Jetzt gehts los!

Räthin. Hören Sie die brüllen?

Neunter Auftritt.

Vorige. Hauptmann.

Hauptm. Nun, Herr Hofrath —

Räthin. Jetzt der noch!

Hauptm. Jetzt gilts.

Hofrath. Sie haben Seiner Excellenz aufwarten wollen. Aber —

Räthin. In der Nacht doch nicht?

Hauptm. Ich renonciere.

Hofrath. Wackerer Biedermann — es bleibt beym Alten.

Hauptm. O ja. So — oder so.

Räthin. Ihr Leute, ihr Kinder, tragt die Stühle in den Garten. — Seine Excellenz werden sich doch nicht auf den Boden setzen sollen?

Schulz. Allons Jungens — packt an!

Die Kinder tragen die Stühle fort, und rennen damit weg.

Räthin. Sachte — sachte! Gerechter — das geht ja alles zu Grunde, und kostet das schwere Geld! Ihr Aeltern, geht doch mit.

Schulz. Ja — ihr Weiber thut das. Wir Männer stehen an unserer Stelle.

Schulmeister. In omnibus wie der Schulz.

Die Weiber gehen den Kindern nach.

Zehnter Auftritt.

Vorige. Kommerzienrath mit drey Söhnen.

Kommerzr. Weil es der Herr Vetter nebst Frau Base so befohlen haben, stellen wir uns ein.

Hofrath. Das ist ja der Herr Kommerzienrath —

Kommerzr. Der beste, gütigste Herr Hofrath werden Sich zu erinnern belieben, daß Sie mir den Rath ertheilten, mich in der bewußten Wasserangelegenheit —

Hofrath. Aha! Ganz recht, ja.

Kommerzr. Ich bin aber in so weit — dato noch schlimm angekommen.

Hofrath. Wie so?

Kommerzr. Die Cousine wollten gegen mich etwas von einem Scheusal fallen lassen — der Herr Vetter waren gar sehr vehement. Nachdem er also — Nun Bastiänchen, verneige dich vor dem Herrn Hofrath —

Bastian verneigt sich.

Kommerzr. Philippchen — Kasperchen — Allons!

Philipp verneigt sich.

Kommerzr. zu Kaspar. Schlingel — was gaffst du? — Bastian, gieb Kasperchen eine Maulschelle.

Bastian giebt Kasparn ganz ernsthaft eine Ohrfeige, und geht gerade wieder an seinen Platz.

Kaspar erschrocken, hält den Kopf. Was soll das?

Kommerzr. freundlich. Mit Permission, es war nur eine Ermunterung zu guter Conduite. — Nun, nachdem der Herr Vetter Siward mich erst angefahren haben, sind sie hernach dennoch ganz freundlich zu mir in den blauen Engel gekommen, und haben mich um zehn Uhr zur Antwort wegen oben bemeldeten Wasserprojekts hierher beschieden, und jetzt sind wir denn daher gewiesen.

Hauptm. Nun! Frau Räthin, das ist doch noch ein Rath!

Räthin. Ich bin bey Seiner Excellenz.

Hofrath. Sie machen zusammen des Herrn Ministers Suite aus — ohne Rang — wir sind ja auf dem Lande. —

Kommerzr. Wenn nur Seine Excellenz es nicht in Ungnaden vermerken, daß man — daß man — man ist in Stiefeln.

Hofrath. Gleichviel.

Kommerzr. zu den Kindern heftig. Macht die Manschetten heraus, ihr Bösewichter.

Alle drey fahren nach den Manschetten und rangieren sie.

Hauptm. Sind Seine Excellenz fertig, so — können wir gehen.

Hofrath. Ohne Zweifel.

Hauptm. zum Schulmeister und Schulzen. An euer Geschäft, liebe Männer.

Schulmeister. Ja, Herr Kapitän.
Schulz. Sogleich. Sie gehen ab.

Räthin. Was wollen denn die?

Hofrath nimmt den Hauptmann bey Seit. Geht denn etwas vor? Was geht vor? — Ein Wort im Vertrauen!

Hauptm. Hm! Ihr Herr Minister soll ein wackerer Mann seyn, behauptet Siward. Sollten die Vorposten der Arglist geworfen und im honetten Hauptquartier seines Herzens Allarm geblasen werden — so lassen Sie einen geschickten Rückzug machen. — Verfolgt werden Sie nicht — wir machen auch keine Siegesberichte, sondern rücken still wieder ein. — Jetzt holen Sie den Herrn.

Hofrath. Aber —

Hauptm. Kein Wort mehr.

Hofrath geht.

Hauptm. schellt.

Jakob tritt ein.

Hauptm. deutet auf den Tisch mit Lichtern.

Jakob trägt ihn weg.

Räthin. Was ist das?

Hauptm. Finsterniß. Aber wir kommen wieder ins Helle.

Räthin rückt an die Wand. Sie werden doch nicht —

Kommerzr. Frommer Gott — Bastiänchen — Philippchen — Kasperchen — wo seyd ihr?

Alle drey weinerlich. Hier!

Kommerzr. Kinder, es wird nichts auf sich haben. Nur beysammen gehalten — nur beysammen. Es geschieht uns nichts.

Räthin ängstlich, doch ohne Uebertreibung. Fassen Sie mich nicht an, Herr Kapitän — meine Arme verbitten es — laut. ich stehe unter hoher Protektion Seiner Excellenz!

Eilfter Auftritt.

Vorige. Hofrath.

Hofrath. Was ist das?

Hauptm. ruft hinaus. Licht — heda — Lichter!

Zwölfter Auftritt.

Von der einen Seite treten der Schulmeister und Schulz mit großen Papierlaternen auf Stangen herein; vor der andern der Minister. Das geschieht zu gleicher Zeit.

Räthin. Ihre Excellenz! Sie verneigt sich tief.
Hauptm. verneigt sich ehrerbietig aber kurz.
Kommerzr. Huldreichsten, gnädigen Herrn Excellenz wollen geruhen —

Die Kinder begaffen die Laternen und drehen dem Minister den Rücken zu.

Minister. Guten Abend —

Hofrath. Kapitän Siward —

Hauptm. verneigt sich.

Minister. Recht angenehm, Sie zu finden. Aha — der Kommerzienrath Bellmann!

Kommerzr. Allerunterthänigst kniefallend und —

Minister. Ein Vetter von Ihnen? —

Räthin. Von meines seligen —

Minister. Also ein Vetter! — Apropos, Raning!

Hofrath. Excellenz!

Minister spricht leise mit ihm.

Kommerzr. hat indeß den Kindern oft gedeutet, sich zu verneigen, jetzt holt er einen und beugt ihm den Kopf vorwärts. Teufelsbrut! Indem er den andern droht: In drey Tagen kriegt ihr nichts zu essen.

Die andern zwey erschrecken und verbeugen sich tief.

Minister. Es wird Zeit seyn. — Alles richtet sich, er sieht die Laternen. Da haben Sie ja recht ingeniöse Laternen.

Hauptm. Gegen Wind und Wetter, Ihre Excellenz.

Minister. Mit Inschriften?

Schulz hält die transparente Inschrift seiner Laterne vor.

Minister liest. „Unser Leben ist eine eitle Flucht der Tage.“ — Ja wohl!

Räthin. Für ein Freudenfest sehr sombre.

Schulz. Mit der eitlen Flucht der Tage werde ich Ihre Excellenz voranleuchten. Ich bin der Schulz von Verlingen —

Räthin. Ein hiesiger Nachbar —

Hauptm. Und Siwards naher Vetter.

Schulmeister. Ich bin der Zeit Schulmeister

in Verlingen, und in omnibus ein Vetter wie der Schulz. Er hält seine Laterne vor.

Minister. Auch eine Inschrift? Liest. „Segen dem, der keinen Frieden trübt!“ Hm — sehr wahr!

Schulmeister. Mit dem Voto soll ich Ihre Excellenz nachgehen.

Minister. Raning, was sagen Sie zu dem Motto?

Hofrath. Ich? — Ich finde, daß man das Lob Ihro Excellenz nicht sinnreicher ausdrücken kann.

Minister. Es ist gar keine Flatterrie darin.

Kommerzr. Und ist recht kompreß gesagt. —

Minister. Finden Sie — Nun — etwas Nachdrückliches finde ich auch wohl darin.

Philipp verbeugt sich. O ja,

Kommerzr. halb laut. Halt das Maul!

Minister. Nun, so gehen wir. — Madam — Ihren Arm.

Räthin schließt auf den Minister zu. Zu Hochdero Befehl. — Nun, Herr Kapitän — den Weg gezeigt.

Hauptm. Ja! geht. Dafür bin ich hier.

Der Schulz, Minister und Räthin, Hofrath und Kommerzienrath gehen.

Kommerzr. zu den Kindern. Fallt nicht — behaltet die Hüte ab — geht aufwärts — manierlich — sedat — kein Wort gesprochen, oder ihr werdet morgen alle todt geschlagen.

Die Kinder, gerade und auswärts folgen, der Schulmeister schließt.

Dreyzehnter Auftritt.

Das Wäldchen aus dem vierten Akt, so wie das Häuschen, reich und mit Geschmack beleuchtet. Auf jeder Seite zwey Stühle, in der Mitte der Länge des Platzes.

Die Schulzin, die Schulmeisterin, die Kinder gehen zwischen den Bäumen herum, und besehen die Anstalten. Rechts hinter den Stühlen ordnet die Livree des Ministers eine Art von Buffet Der Wein steht in Körben; links hinter den Stühlen eine Tafel mit Kuchen und was dahin gehört. Siward und seine Frau gehen, von einer Seite aus dem Hintergrunde kommend, ganz vor.

Sekretär. Nun, Julie, wie ist dir?

Mad. Siw. Ich bin sehr froh und sehr gerührt! aber bange vor der nächsten Viertelstunde.

Sekretär. Bange? Und du siehst mich froh und wohlgemuth?

Mad. Siw. Nun so gieb mir Ruhe, sage mir — was willst du thun?

Sekretär. Das weiß ich in der Hauptsache: aber wie ich es thun will — darüber will ich nicht sinnen. Ich werde an meine Hausehre denken — die Zeugen umher ansehen — dann dich — und es wird schon gehen.

Mad. Siw. Ich bin so ängstlich — so manche Ahnung — Sieh, es bedarf ja nur eines unerwarteten Umstandes, dann geht die höchste Gutmüthigkeit so leicht in edeln — aber den furchtbarsten Zorn über. Ludwig, lieber Ludwig, beruhige mich!

Sekretär. Die Empfindungen einer Braut. Wahrlich heute empfange ich dich zum zweyten Male, deine Treue und Güte ist bewährt worden. Ginge ich nicht dem Ernst und den Thränen mit Gewalt aus dem Wege — ich könnte herzlich weinen vor lauter Freuden. Aber weg damit — laß uns heiter seyn. Friede und Freude ist in uns, laß uns Frieden geben und Freuden, wo wir können. Er reibt die Augen. Weg damit! Stärke räumt weg, Weichheit räumt ein! — Er wendet sich rasch nach dem Hintergrunde. Holla — ihr Gäste — Basen und Vettern — klein und groß — kommt hervor! Sie treten vor Reichen wir uns die Hände! Sie thun es. Ihr Herren, Zu den Bedienten. Wein her! Wein, an Große und Kleine! Die Bedienten reichen den schon eingeschenkten Wein an jedermann herum. Habt ihr — habt ihr alle? — Sagt mir, ob ihr alle habt.

Alle. Alle! Ja. Wir alle.

Sekretär. Auf das Wohl meiner Frau!

Alle. Sie soll leben! Sie trinken.

Sekretär. Leben und froh seyn! Guter Muth — das ist die Losung.

Mad. Siw. an seinem Halse. Ludwig!

Sekretär zu den Frauen. Wollt ihr austrinken? Sie soll ganz leben!

{ Schulmeisterin. Wahrhaftig, das soll sie!
{ Schulzin. Sie ist der Mühe werth!

Sie trinken.

Sekretär. Da — seht die Kleinen an — die verstehen sich auf leben und froh seyn, ihre Gläser sind längst leer. — Nun weg mit den Gläsern.

Die Bedienten holen sie, einige zucken mit den Achseln und schütteln die Köpfe.

Sekretär. Das ist nicht wahr, daß nur die Jugend guten Muthes seyn kann. Ist die Brust frey, so ist man froh in jedem Alter — hat den Kopf in der Höhe — bey Sturm und Schwüle.

Man hört aus der Ferne eine Stelle aus der Ouvertüre der Nina.

Mad. Siw. ängstlich. Sie kommen!

Sekretär muthvoll. Sie kommen!

Jedermann sieht oben hinauf nach der Seite, woher sie kommen; die Kleinen nehmen die Hüte ab.

Sekretär. Recht so! höflich, ihr Kleinen — Freut euch alle, es kommt ein guter, braver Mann. Freut euch, weil er gut ist, und seyd nicht ängstlich weil er vornehm ist.

Vierzehnter Auftritt.

Der Schulz. Er bleibt in der Mitte stehen. Der Minister und die Räthin.

Minister grüßt jedermann mit freundlichem Kopfnicken, geht auf Madam Siward zu und küßt ihre Hand.

Räthin dankt herablassend.

Hauptm., Kommerzr. und die drey Kinder treten auf.

Schulmeister stellt sich zum Schulzen.

Die Musik hört auf.

Minister zu Madam Siward. Ein freundlicher Abend!

Mad. Siw. Durch Ihre Güte —

Sekretär. Und das Bewußtseyn.

Hofrath. Ein allerliebstes Plätzchen!

Räthin. Sonst aber, was manche Arrangements importiert — ist hier ein wahrer Vauxhall.

Minister giebt Madam Siward die Hand, und setzt sich, nachdem er sie zum Stuhl geführt, neben sie

Räthin. Kommen Sie, Herr Vetter Kommerzienrath. Sie setzen sich, dem Minister gegenüber, neben einander, die drey Söhne laufen hinüber hinter des Vaters Stuhl.

Minister steht auf. Aber Sie stehen noch, Herr Siward — Raning, sorgen Sie doch — Unser gütiger Wirth ist so gefällig in dem Augenblicke unser Gast zu seyn. Haben Sie Acht, daß jedermann placiert sey — der Herr Hauptmann, die guten Frauen.

Hofrath setzt sich in Bewegung.

Sekretär deutet ihm zu bleiben Die Arrangements Ihro Excellenz will ich nicht stören — aber Sie verstatten, daß meine kleine Einrichtung vorhergehe! — Liebe Julie! du bist die Königin des Festes — komm zu mir — denn ich wünsche, daß alle Augen auf dich gerichtet seyn mögen.

Mad. Siw. steht auf, verbeugt sich vor dem Minister leicht und graziös, und geht zu ihrem Manne.

Sekretär, der ihr entgegen geht Onkel, nehmen Sie indeß den Ehrenplatz, den meine Frau verläßt.

Minister ist etwas verlegen, er deutet dem Hauptmann, sich zu ihm zu setzen.

Hauptm. verbeugt sich respektuös und setzt sich zu ihm.

Sekretär stellt sich mit Mad Siward zwischen den Schulmeister und Schulzen. Liebe Freunde! Gute Menschen sind da zusammen gekommen um fröhlich zu seyn. Laßt uns ein Wort von der Veranlassung dazu reden. — Ihr seht hier den Stellvertreter unsres Landesherrn, der uns Trost und Beyspiel ist. Dieß Fest, das er uns giebt, ist kein Fest, das die Langeweile ersonnen hat und der Uebermuth genießt. Der gute Herr hat gehört, daß in der Stadt die Lästerungen nichtswürdiger Menschen den guten Ruf meines treuen Weibes verleumden, indem sie den seinen entheiligen. Ihm — der unsers Vaters Stelle vertritt — ihm, zu dem wir alle im ganzen Lande als Muster hinauf sehen — ist jedes Eheglück werth, es sey auf dem Throne oder in der Hütte. Sparsam sind die Tage der Muße dem zugetheilt, der für Tausende denkt, sorgt und wacht. — Frohsinn soll er schaffen, Thränen hemmen oder trocknen. Göttlich groß ist sein Beruf — doch ernst — denn vor seinem Blicke schwebt die Wage des Richters.

Minister hat feierlich den Blick auf Siwarden gerichtet; alle auf den Minister.

Kommerzr. sieht gleichgültig vor sich hin.

Sekretär. Im Bewußtseyn des Wohlwollens schenkt er sich und uns diesen Tag.

Minister senkt das Auge.

Sekretär. Er hat uns geprüft. — Er findet uns — ein glückliches Paar — still seinen Weg wandelnd, ohne Forderung und im seligsten Frieden glücklich. — Er ist davon gerührt — denn er ist ein guter Mensch. — Richtet alle eure Blicke auf ihn, und seht was sein Herz in diesem Augenblicke auf seinem Gesichte spricht! — Hier vor seinen Augen — in euer aller Gegenwart — verkündige ich es laut: — Mein Weib macht mein Glück — und nie hat sie mir Kummer bereitet. Deß zum Zeugen umarme ich sie, und danke ihr für das Glück, das sie mir giebt. Er umarmt sie.

Minister steht auf. Gerührt: Siward!

Alle stehen auf.

Sekretär. Diese Eintracht, dieser Frieden — das ist dem guten Manne ein Freudenfest! Darum leuchten diese Flämmchen in stiller Nacht — deßhalb hat auf sein Geheiß Musik die Melodie unsres Friedens verkündet. Er geht einen halben Schritt vor und verbeugt sich. Ihre Excellenz sehen nun unser stilles nie getrübtes Glück. — Sie sind gut und gerecht, Sie empfinden es — daß man ganz das Gute wollen muß, um die Inschriften, zwischen denen wir stehen — in Gegenwart guter Menschen, ohne Vorwurf zu lesen. Sie — von dessen Herzensgüte die Landesverwaltung oft Beweise giebt, die der Landmann verehrt — Sie kennen den Menschen, und haben beschlossen, mit raschem Edelmuth alles zu thun, was Ihrer Würde, unserm Frieden und gutem Namen Bedürfniß ist. Empfangen Sie dafür unsern reinsten Dank.

Minister nach einer kleinen Pause. Siward! Sie geben meiner Empfindung Gerechtigkeit. Ueberraschen mußte mich Ihr Fest, aber es rührt mich — und ich werde Ihnen beweisen, daß ich Sie verstehe und achte. — Sie sind gut und fühlen lebhaft — Möge nie jemand Ihre Gefühle mißbrauchen, wie es Er wirft unwillkührlich einen leichten Blick auf den Hofrath. guten, lebhaften Leuten wohl geschieht! — Den Zweck, den dieses Fest haben sollte — haben Sie ganz erreicht. — Ihr Leute, achtet diesen Mann — er ist brav! Er umarmt ihn. Es wäre ungerecht — die laute Freude der Uebrigen auf irgend eine Weise zu unterbrechen — auch mag ich gern den Eindruck für mich behalten, den Sie mir gegeben haben. Also — Er verbeugt sich gegen Madam Siward. gute Nacht! Er reicht Siwarden die Hand. Leben Sie recht wohl. Er geht.

Sekretär mit Rührung und Feuer. Wahrlich, führt ihn zwischen die zwey Inschriften. Ihre Excellenz stehen sehr würdig da — Werden Sie dieses Bildes und unser gern gedenken — so kehren Sie einst nach Jahren — ermüdet von dem Begehren und dem Undank der Menge — hier ein. Hier — wo Sie jetzt Herr Ihrer selbst, Stifter unsrer erhöhten Glückseligkeit sind, werden Sie Herr unsrer Herzen seyn, und Sie werden dann das Willkommen mit Entzücken hören, das wir Ihnen zurufen werden.

Minister stark und gerührt. Es sey so! Gute Nacht, braver Mann. Er geht.

Sekretär hält ihn auf. Wir haben ein Liedchen, das wir oft hier singen, wenn wir uns froh und glücklich fühlen.

Hauptm. geht ab.

Sekretär. Wenn wir es künftig singen, werden wir Ihrer stets dabey gedenken.

Schulz, Schulmeister singen:

Die Musik von außen begleitet.

Wem edler Menschenliebe Hang
Den Busen höher schwellt;
Wer über eigner Wünsche Drang
Das Glück der Brüder stellt;
Er sey für unsern Lobgesang
Der hochgepriesne Held,
So oft uns Lied und Saitenklang
Zur Freude hier gesellt!

Hauptm. kommt wieder.

Der allgemeine Chor wiederholt das Lied. Bey dem Anfange des Chors geht der Minister, begleitet von Siwarden, weg.

Hofrath stützt den Kopf auf die Stuhllehne.

Hauptm. umarmt Madam Siward.

Räthin sieht verlegen in ihren Fächer

Kommerzr. macht dem abgehenden Minister ein tiefes Kompliment.

Der singende Chor sammelt sich um Madam Siward und den Hauptmann. Siward kommt zurück, und beide haben den Onkel in der Mitte.

Der Vorhang fällt, ehe der Chor ganz aus ist, welcher zu Ende gesungen wird.

FSC
www.fsc.org
MIX
Papier | Fördert
gute Waldnutzung
FSC® C083411

Kolibri 360 GmbH
Ferdinand-Jühlke-Straße 7
99095 Erfurt, Deutschland
produktsicherheit@kolibri360.de